I0488854

Solar PV Wasserpumpen:

Wie Solar PV Powered Wasserpumpsysteme für tiefe Brunnen, Teiche, Bäche, Seen, Bäche und Bauen

von Christopher Kinkaid

Published by Solardyne, LLC
Portland, Oregon

ISBN-13: 978-1500514822
ISBN-10: 1500514829

Inhaltsverzeichnis

Vorwort

Wasserpumpen ist eine große Aufgabe. Solarstrom
(PV) betriebene Wasserpumpen sind der effektivste
Weg, um Ihre Pumpe Deep Well oder flachen Teich,
Fluss, See oder Bach mit hoher Leistung,
Zuverlässigkeit, und keine Kraftstoffkosten. Ist Ihr
Gut, Teich, See oder an einem entfernten Ort?
Solarstrom-Photovoltaik-(PV)-Panels, bei historisch
niedrigen Preise, geringere Kosten und können Ihre
Wasserpump Lösung sein.

Bewässern Sie Ihren Nutztiere, bewässern Ihren
Obstgärten, Gärten, Felder, Ackerland oder mit
diesem einfachen Schritt-für-Schritt-Anleitung
komplett mit konkreten Beispielen der Wasser
Pumpen für unterschiedliche Situationen.

Pumpe Wasser aus dem Brunnen, oder flache
Oberfläche Quelle direkt mit Solar-PV-Panels. Größe
Ihrer Solarwasserpumpsystem mit dieser Schritt-für-
Schritt-Anleitung für die Definition und den Aufbau
Ihrer Solarwasserpumpen-Projekt.

Über das Buch

Dieses Book ist als Schritt-für-Schritt-Anleitung zur Definition von "Bevölkerungsstatistik," die Ihre Solarwasserpumpen-Projekt und die Wahl der richtigen Ausrüstung, um den Job zu erledigen geschrieben. Wenn Sie eine bestimmte solarbetriebene Wasserpumpen-Projekt im Auge haben, dann besuchen Sie die Solar PV Powered Systembeispiele Liste auf der Kurzanleitung in Kapitel Neun entfernt.

Die Kurzanleitung enthält anklickbare Links, die Sie zu einer bestimmten Solare Wasser-Pumpsystem zu nehmen. Die Solar-Wasserpumpen Beispiele werden Tiefe von gut definierten und Gallonen pro Tag ausgeliefert. Wenn Sie von einer flachen Wasserquelle, wie ein Teich Pumpen sind, Bach, See, Bach oder kleiner Fluss, die Systeme werden von Gallonen pro Tag geliefert gelistet.

In **Kapitel 2** beschreibt die Schritt-für-Schritt-Prozess, um Ihr System für die eigene System-Design zu definieren, oder um mit einem externen Anbieter zu sprechen. Verwenden Sie dieses Verfahren, um die "Bevölkerungsstatistik" des Systems zu bestimmen.

Kapitel 3 behandelt die Verwendung von Solar Power Supplies, und wie die aufgeführten Beispiele sind in diesem Book konfiguriert. **Kapitel 4** bis 7 beschreiben Nun pumpt Wasser mit Tauchpumpen in die Tiefe von 20 Meter bis 800 Meter Reichweite. Systembeispiele sind Solar-PV-Stromversorgung Stücklisten die spezifischen Solar-PV-Paneele, die Sie verwenden werde beschreiben, und zu welchen Systemspannung, um Ihre Pumpe für höchste Produktivität arbeiten.

Kapitel 8 beschreibt das Pumpen von Wasser mit Solarenergie für flache Wasserquellen wie Teiche, Seen, Bäche, Bäche und kleine Flüsse. Solar-PV-Systeme werden mit dem Gesamt "Rise" oder Lift, wie von den Hügeln und kleinen Böschungen auf Ihrem Grundstück, und der Gesamt definiert "Run" oder Distanz horizontal Sie Ihr Wasser bewegen möchten. Aufgeführt Solaranlagen so weit wie 4 Meilen zu pumpen, und heben so hoch wie 400 Fuß.

Dieses ebook "Solar PV Wasserpumpen" wurde geschrieben, um eine Ressource für die Planung und Umsetzung eines Solar-Elektro (PV) betriebene Wasserpumpsystem, um Wasser für Remote-Standorte zu liefern. Ideal für Remote-Kabinen, Fern Häuser, Off-Grid Wohnen, Garten, Obstgarten, Landwirtschafts-und Viehtränke Projekte, Solar-PV-Module eine ausgezeichnete Netzteil und kann große Mengen an Wasser zu pumpen.

Über den Autor

Christopher Kinkaid

Christopher (Toby) Kinkaid, die ursprünglich aus Portland, Oregon ist der Gründer der **Solardyne.com**, **SolarQuote.com** und **AlgaeToday.com** und hat in saubere Energietechnologie seit über drei Jahrzehnten gearbeitet.

Kinkaid, ist der Erfinder des "**Hely**x" Vertical Axis Wind-Generator, der "**Mariposa**" Non-Imaging-Solar-Konzentrator PV-Modul (Dauerbetrieb an den Sandia National Laboratory seit 1994), die **Solar-Demultiplexer** optische Solar konzentrieren Linse (Dr. James / Sandia National Laboratory 1991) und der Erfinder des Original-"**Solar Power Pack**" (Mutter Erde Nachrichten, "Littlest Utility" Juni / Juli, 2001).

Kinkaid hat eine offizielle Dozent und Moderator auf saubere Energietechnologie auf der ganzen Welt, darunter "APEC," Bangkok, Thailand, 2003, "Energy Solutions World," Tokyo, Japan, 2003, der internationalen Biomasse-Konferenz (IBC), 2010, Minneapolis , MN, und die Algenbiomasse Organization (ABO)-Konferenz 2010, Phoenix, AZ.

Christopher (Toby) Kinkaid, hat in Interviews auf KOIN TV, KGW-TV und "Nachhaltige Today" in Oregon hergestellt erschienen, und hat auf dem Board of Directors für die National Hydrogen Association serviert, in Washington DC, 1993, der Japan Satellite Communications Company (JCNET), Fukuoka, Japan, 1994 bis 1995, und Algaedyne Corporation, Preston, MN, 2010-2013.

Kinkaid, dient derzeit als CEO von Solardyne, LLC in Portland, Oregon, wo er seine Arbeit in der Solar-, Wind geht weiter, und Biomasse-Technologie, Anwendungen, Forschung und Entwicklung.

Einführung

Die Notwendigkeit für das Pumpen von Wasser ist von grundlegender Bedeutung für das Leben, und schon vor der Jungsteinzeit. Ohne sich zu bewegen Wasser, gibt es keine Zivilisation. Damals wie heute ist es unser Wasserbedarf von entscheidender Bedeutung für Landwirtschaft, Viehzucht, Wohn-, Gewerbe-und Industriebedarf, und da an Ihrer Website jeden Tag verfügbar ist, kann die Solarenergie eine effektive Stromversorgung großer Vorteil sein.

Heute, moderne Solarstromkollektoren (PV) machen das Pumpen von Wasser relativ einfach zu installieren, kostengünstig und bietet hervorragende Leistung und Zuverlässigkeit, wo es zählt: Tag-für-Tag in das Feld ein. Solar-PV-Module sind Festkörper, haben keine beweglichen Teile, hermetisch von der Umgebung abgeschlossen, robust gestaltet, ausgelegt für extreme Standorte und tragen oft 25 Jahre Garantie was für eine zuverlässige Stromversorgung.

Mit der richtigen Design-und Hardware-Auswahl, (der Punkt dieses Book), Solar-Wasserpumpensysteme sind überraschend produktiv Hebe Wasser aus großen Tiefen und / oder bewegtem Wasser große Entfernungen mit respektablen Durchflussraten.

Dieses eBook ist als Schritt-für-Schritt-Anleitung soll zunächst definieren Sie Ihre Solar-Wasser-Pumpsystem, dann passen das Projekt zu einem der aufgeführten Beispiele.

Wenn Sie mehr Wasser gepumpt als die angegebenen Probensysteme benötigen, verwenden Sie zwei Kapitel, um Ihr Projekt zu definieren, so dass Ihre Wasserpumpe Lieferanten schnell identifizieren, das richtige System für Ihr Projekt. Solar-PV-Module liefern starke Gleichspannungen, die sehr gut an die DC-Solarpumpen auf dem Markt entsprechen.

Verwenden Solar-PV-Leistung, um Ihre Wasserbrunnen von 20 Meter bis 800 Meter pumpen. Verwenden Solar PV Power to Wasser aus dem Teich, See, Bach, Bach oder kleiner Fluss pumpen mit Oberflächen Pumps.

Haben Sie ein Solar-Wasserpumpen-Projekt im Sinn? Besuchen Kapitel Neun für eine Kurzanleitung zu den Systemen enthalten.

Kapitel Eins - Solarwasserpumpen der Big Picture

Solarbetriebene Wasserpumpsysteme können aus tiefen Quellen von Wasser wie Tiefbrunnen direkt zu heben, sowie Pumpen aus flachen Quellen wie Teiche, Seen, Bäche, Bäche und kleine Flüsse. Es sind die zwei Grundtypen von solarbetriebene Wasserpumpsysteme je nach Wasserquelle: Wells, oder Oberflächenquellen.

In diesem book, werden wir die Fragen, die Sie stellen müssen, um Ihr System zu brechen Anforderungen zu definieren. Dann werden wir die Anforderungen an die entsprechende Solar-Wasserpumpe Typ und Spezifikation übereinstimmen, um den Job zu erledigen.

Brauchen Sie, um Wasser über 600 Meter zu heben? Sie benötigen mindestens 7000 Gallonen in einer Zisterne 200 Meter entfernt von der Pumpe geliefert? Dieses ebook wird durch, um herauszufinden, was diese Aspekte und kommen am besten Solar-Wasser-Pumpsystem für die jeweilige Wasserpump Projekt benötigt Schritt.

Wir beginnen mit der Definition Ihrer täglichen Wasserbedarf - wie viel Wasser Sie pro Tag benötigen Was ist Ihre Wasserquelle Tiefe? Wir müssen einige grundlegende Informationen über Ihre Wassertyp mit der Quelle des Wasser Anfang kennen. Solar-Wasserpumpen verwenden unterschiedliche Geräte in Abhängigkeit von der Wasserquelle, ob von gut-oder Oberflächenwasser.

Für Tiefbrunnen Pumpen der Standardpumpentyp verwendet wird, ist die Tauchpumpe. Die Tauchmotorpumpe braucht eine gut von mindestens 3" Zoll im Durchmesser, (4 Zoll für größere Pumpen) und ist in der gut mit dem Stromkabel gefallen ist, fallen Seil, und Wasserdruckschlauch. Die Solar-Elektro PV-Paneele, Baugruppenträger und die Steuerung über dem Boden in der Nähe der Brunnenkopf, nur der Tauchpumpe und Verkabelung montiert / Schlauch in den Brunnen gefallen ist.

Oberflächenwasserquellen, in der Regel flach, wie Seen, Teichen, Bächen, Flüssen, Zisterne, oder Tanks wird eine Oberflächen Pumpe zu verwenden. Mehrere Arten von Oberflächenpumpen bestehen, wie viel Wasser Sie mit Vorteilen und Merkmalen zu pumpen, jeder Wunsch ab. Später in diesem eBook unter Oberflächenpumpen werden wir durch die verschiedenen Merkmale der jeweiligen zu gehen, und wie man die "Wasserqualität" des flachen Source analysieren. Teiche, Seen und anderen offenen Systemen kann bewölkt oder trüb mit Partikeln im Wasser macht es sandig sein. Einige Oberflächenpumpen sind anfällig für düstere Wasser. Wenn Sie Wasser trüb oder kiesige dann wird eine In-Line-Filter erforderlich.

Oberflächensolarbetriebene Pumpensysteme montieren Sie die Solar-PV-Paneele, Regale, Controller und die Pumpe selbst alle Top-Seite und montiert ein paar Meter von der Wasserquelle. Oberflächenpumpen sind neben einem Bach, Teich oder Bach, wo seine in der Regel durch schattigen Bäumen oder Büschen platziert. In diesem Fall können die Solar-PV-Module bis zu 75 Meter entfernt von der Pumpe platziert werden. Die Oberfläche Pumpe muss onshore (innerhalb 10 Meter horizontal und 10 Meter vertikal) platziert werden, in der Nähe von Wasser, und auf einem festen Fundament.

Legen einen kleinen Zement-Pad ist keine schlechte Idee, wenn Sie gehen, um die Pumpe für längere Zeit verlassen sind. Wenn Sie in einem extremen Klima sind, dann sollten Sie einen Kasten zu bauen, oder haben ein Außengehege zum Schutz der Pumpe und die Pumpensteuerung vor den Elementen. Sobald Ihre Oberfläche in der Nähe der

Wasserpumpe installiert ist, wird nur die Einlass-Schlauch in die Wasserquelle unter Wasser. Oberflächenpumpen unterscheiden sich von Unterwasserpumpen wie wir später im Buch zu sehen.

Steh auf, Ausführen, und Wasser pro Tag

Aufstieg, ausführen und gewünschte Wassermenge an jedem Tag geliefert: Alle Wasserpumpen-Projekte können von drei Grundwasser Faktoren definiert werden. Sobald wir diese Aspekte definiert werden wir die Last nach hinten arbeiten und kommen zu dem ausreichend dimensionierten Solarstromversorgung der Pumpe. Der "Aufstieg" bezieht sich auf die Gesamthöhe (Kopf), die Sie, um das Wasser zu heben müssen. Ihre Wasserquelle könnte ein gut sein, zum Beispiel, wissen Sie, der Grundwasserspiegel bei 100 Fuß Tiefe. Sie müssen möglicherweise auch zu heben, dass das Wasser eine zusätzliche Höhe, um den Tank zu füllen oder Zisterne. In all diesen Höhen zu Ihrem Gesamt erreichen "Aufstieg."

"Run" bezieht sich auf die Länge der Strecke, die Sie Ihr Wasser auf der Oberfläche zu pumpen müssen. Auch wenn Ihr Land auf und ab zu gehen, bezieht sich der Run auf die Gesamtlänge von horizontalen Strecke, die Sie zu pumpen, um den Tank oder Zisterne erreichen. Als nächstes müssen Sie eine Nummer für die Gesamttagesmenge an Wasser Sie brauchen, um liefern zu haben.

Viele Pumpen werden von den Gallonen pro Minute (GPM) sie pumpen bewertet. Dies kann eine irreführende Wert sein, da im Gegensatz zu einem Plug-in-AC Pumpe, die so lange wie Sie möchten laufen können, gibt es ein Limit, wie viele Stunden pro Tag auf Ihre Solar-PV-Panel wird die Pumpleistung. Daher denken in, wie viele Liter pro Tag (GPD), die Sie nicht nur in Bezug auf die Durchflussraten, sondern Gesamtmengen für jeden Tag der Produktion benötigen.

Zum Beispiel können die Anforderungen der Viehtränke bei 30 Gallonen pro Tag geschätzt werden, pro Stück Vieh (mehr, wenn in einem heißen Klima). Eine Herde von 200 Kühen benötigt 6.000 Liter pro Tag. Achten Sie darauf, Ihren Wasserbedarf in Bezug auf Gallonen pro Tag (GPD) schätzen, wird diese Ihnen helfen, das solarbetriebene Wasserpumpsystem, das Sie für Ihre Anwendung benötigen Größe.

Solarenergie ist eine mächtige Kraft. Die Intensität der Sonne in einer Stunde schwanken die eine natürliche Quelle, und für Wasser Pumpen ist dies wichtig, aber im Laufe der Zeit die Sonne liefert eine zuverlässige Durchschnitt von Energie. Die Solar-Spitzenleistung (1.000 Watt pro Quadratmeter) wird verwendet, um die tatsächliche von einem Solar-PV-Panel für die Zwecke der Förderung von Wasser abgegebene Energie zu schätzen. Jeder Ort auf der Erde eine äquivalente Solar-Spitze-Stunden-Äquivalent. In Portland, Oregon, der Peak-Stunden-

Rating ist 3,5 Stunden pro Tag. In Kansas, ist die Solargipfel-Stunden-5.5, zum Beispiel.

Für Ihre Projekte Lage tun eine Internet-Suche für Ihre Websites Peak-Stunden-Rating. Multipliziert man die Solar-PV-Module Leistung durch den Peak-Stunden-Rating von Ihrem Standort gibt an, wie viel Energie Ihr Solar-PV-Panels werden bei Ihnen vor Ort zu produzieren, im Durchschnitt jeden Tag.

Beispiel 1: Wenn Ihre Website ist in Pump Kansas, mit einem 5,5-Stunden-Peak-Bewertung, dann 1000 Watt Solar-PV-Strom wird 5,5 Kilowattstunden (kWh) Energie pro Tag produzieren.

Beispiel 2: Wenn Sie Ihre Pump Website ist in Süd-Kalifornien (6,5 Solarspitzenstunden) mit einem PV-Panel Nennleistung bei 500 Watt, wie viel Energie, dass 500-Watt-Solarpanel zu produzieren? Antwort: Energie ist gleich Leistung x Zeit. Das Power Panel Bewertung (500 Watt) mal der Peak-Stunden-Rating (6.5 in diesem Beispiel) eine tägliche Energieproduktion von 3.250 Wattstunden, was 3,25 Kilowattstunden (kWh) entspricht jeder Tag.

Solar-Wasserpumpen in der Feld

Solarbetriebene Pumpen können in verschiedenen Standorten, darunter Wüsten, Tropen, Höhen-, bewölkt und städtischen Umgebungen. Wenn Sie Sizing Ihrer eigenen Solarstromanlage der Power-Rating eines Solar-PV-Panel muss "De-Rating" werden in Abhängigkeit von diesen extremen

Bedingungen. Zum Beispiel, alle elektronischen Geräte nicht mögen Wärme, höhere Temperaturen verursachen einen Spannungsabfall in der PV-Module. Solar-PV-Module, sind per Definition in der Sonne und kann sehr heiß werden. Wenn Sie in einem besonders heißen Ort sind deklassieren Ihr Power-Rating um 20%. Bei den in den Kapiteln unter den notwendigen De-Rating gegebenen Beispiele wurde so berechnet, wenn Sie meine Beispiele du bist zu folgen. Wenn Sie Ihren eigenen Systeme zu entwerfen dann sicher sein, die Sonnenkollektoren deklassieren.

Sobald Sie Ihren Aufstieg und Ihre Run wissen, ist der nächste Schlüssel zu wissen, wie viel Wasser Sie für jeden Tag benötigen. Sobald Sie wissen, in Gallonen pro Tag (GPD) ausgedrückt den täglichen Bedarf, dann können wir beginnen, das Problem hinten am Ende mit der richtigen Ausrüstung für das Pumpen von Ihrem Wasser zu arbeiten.

Wenn Ihre Wasserquelle ist an einem entfernten Ort, und Strom ist entweder nicht verfügbar oder zu teuer Draht, macht Solarstrom eine effektive Wahl. Grid betriebene Wasserpumpen nutzen Wechselstrom (AC). Solarbetriebene Wasserpumpsysteme hingegen verwenden Gleichstrom (DC), was eine ausgezeichnete Übereinstimmung mit Solar-PV-Panel, und Batteriespannungen.

Traditionelle AC Pumpen, die aus der traditionellen Grid Leistung laufen sind meist "Kreisel" Pumpen und wurden entwickelt, um bei sehr hohen Geschwindigkeiten pumpt so viel Wasser pro Minute wie möglich drehen. Typische AC-Pumpen haben einen hohen Stromverbrauch Leistung zieht, vor allem, wenn vor hohen Drücken (oft selbst herbei durch Pumpen mehr als der Rohr verwalten können), oder im Fall von sehr niedrigen Durchflussraten, was zu geringeren Effizienz. Diese Fragen machen Solarbetriebene Wasserpumpen eine attraktive Auswahl aus einer Leistungsperspektive, wie Gleichspannungen Ihrer Solarmodule sind entworfen, um die Auslosung der Pumpe genau entsprechen. Ferner wirken Controller als Maximum Power Point Tracker (MPPT), was die Effizienz der DC-Solarwasserpumpen weiter zu erhöhen.

Um die Leistung der Gleichstromsysteme Solar-PV-Pumpen angetrieben werden oft von effizienteren Pumpen gebaut zu maximieren, und mit "Verdränger-Typ"-Technologie, die eine bestimmte Menge an Wasser mit jeder Drehung des Pumpenschaufelpumpen. Regen und schlechtem Wetter kann weniger Strom aus der Sonne zu einem bestimmten Zeitpunkt zu präsentieren, aber der Verdrängungspumpe wird jede Effizienzverlust bei geringer Leistung nicht leidet. Deshalb, wenn Sie nur die Hälfte der Sonneneinstrahlung, werden Sie noch pumpen die Hälfte des Volumens von Wasser. Hervorragende Auswahl an Effizienz für die realen Bedingungen der wechselnden Licht Ebenen.

AC-Pumpen sind für so hart wie möglich mit dem Ziel, so schnell wie möglich Pumpen mehr Wasser zu schieben. Pumpen jedoch diese hohe Leistung Strom hungrig AC produzieren einen hohen Anteil an "internen" Reibung im Inneren des Rohres Energieverschwendung. Je kleiner der Durchmesser des Rohres Sie wählen, desto mehr innere Reibung für eine bestimmte Wassergeschwindigkeit existieren. Langsam Pumpen, wie Sie später in den Oberflächen Pump Kapiteln sehen werden, nehmen großen Vorteil, bewegen Sie sich langsam Wasser durch das Rohr stark erhöht Effizienz. Dies minimiert die innere Reibung und verringert die Größe des Solargenerator erforderlich, um die Pumpanlage vorgesehen.

Die Solar-Wasser-Pumpen DC Strategie Verse Energie hungrig Netzstecker in der Pumpe, ist das klassische Rennen zwischen der Schildkröte und dem Hasen. Die AC-Pumpe ist der Hase, Pumpen eine große Menge an Wasser in kurzer Zeit. Die Solarwasserpumpen DC-System ist entworfen, um die Schildkröte zu sein, und im Laufe des Tages, liefern die Wassermenge, die Sie aus dem System zu erwarten. Dieser Vorteil führt zu großen Einsparungen bei den Kosten des Systems, indem es kleiner.

Tauchmotorpumpen zur Förderung von Brunnenwasser

Wenn Ihr Wasser-Quelle ist ein tiefer Brunnen, dann müssen Sie eine Tauchpumpe. Nun Wasserpumpen mit einer Tauchpumpe, angetrieben mit Solar-PV-Paneele können aus 1 Gallone pro Minute (GPM) auf über 80 GPM mit direkter Sonnenenergie zu liefern. Je größer der Solar-PV-Panel-Array, desto mehr Wasser Sie pumpen. Die Wassermenge, die Sie mit einer bestimmten PV-Panel-Array pumpen kann, wird auf die Gesamt Aufstieg ab, (Höhe, Kopf), die Sie benötigen, um das Wasser zu heben. Achten Sie darauf, Ihre Wasserspiegel in Ihrem gut und schätzen zu analysieren, wenn Ihr Wasserspiegel sinkt, wie Sie aus Wasser pumpen. Die meisten Brunnen werden in Wasser-Tisch ein wenig, oder unter bestimmten Bedingungen fallen lassen, beim Pumpen, so dass Sie zu Ihrem Wohl Tiefe mit einer Fehlermarge zu kompensieren schätzen möchten. Das ist die Tiefe werden Sie Ihre Tauchpumpe mit einem Drop-Linie (in der Regel Seil oder Kabel) senken.

Tauchpumpen sind für den harten Bedingungen unter Tage ausgelegt. Die kühleren Temperaturen des Wassers in diesen Tiefen helfen, die Pumpe läuft cool und verlängern die Lebensdauer der Pumpe.

Wenn Sie vorhaben, eine Tauchpumpe verwenden, um Wasser kurzen vertikalen Höhen vom Boden aus Zisternen oder Bodentanks zu einer Dachtank zu pumpen, zum Beispiel, dann muss du etwas Schutz vor Überhitzung der Pumpe verwendet werden. Wenn du gehst, um von einer Bodentank zu pumpen, bis zum Dach (nur 25-35 Meter vertikal), und Sie eine Tauchpumpe verwenden möchten, montieren Sie die Pumpe innerhalb von (konzentrisch) eine große vertikale Kunststoffrohr, das wie eine wirkt Schornstein. Das Rohr wird mit einem größeren Durchmesser als die Pumpen um Wasser nach oben und um die Pumpe fließen. Die "Höhe" der Kunststoffrohr wird etwas länger als die Pumpe sein, mit der Pumpe in der Mitte. Die Idee ist, dass das Wasser unter Wärme von der Pumpe wird eine Richtung zu gehen, oben, bringen in mehr Wasser aus dem Boden der Pfeife, Kühlung der Pumpe haben. Tauchmotorpumpen in Tiefbrunnen habe kein Problem Überhitzung und sind für ihre Betriebsbedingungen ausgelegt.

Dieses ebook wird gut decken verschiedene Tiefen und Wassermengen mit der richtigen Solar-PV-Stromversorgung Teilliste in den spezifischen Kapiteln unten. Sie werden Ihre solarbetriebene Tauchpumpe wählen, basierend auf der Tiefe deiner gut (Aufstieg), Sie laufen Abstand (Run), und die Gesamtmenge an Wasser pro Tag (GPD), die Sie liefern wollen.

Solarbetriebene Tauchpumpen für kleinere Anlagen konzipiert und kann mit so wenig wie 200 Watt PV-Strom versorgt werden. Tauchwasserpumpen wie der Shurflo 9300 und Aquatec SWP-4000 gebaut werden, um direkt von PV-Solaranlagen von 100 bis 200 Watt betrieben werden, beziehungsweise. Diese SHURflo und Modelle von Aquatec-Tauchmotorpumpen können von 500 bis 1.000 Liter pro Tag (GPD) Heben von Wasser bis zu 200 Meter zu liefern.

Tiefere Bohrungen bis zu 800 Meter werden am besten mit Tauchwasserpumpen wie die Grundfos Linie serviert und sind für höhere Tragfähigkeit, höhere Wasserdurchflussraten gelesen und nicht, in der Regel benötigen Service für 15 bis 20 Jahre, mit der richtigen Installation. Grundfos macht die SQFlex Linie von Tauchpumpen. Wenn du gehst, von einem Brunnenpumpe bis zu 800 Meter tief, und benötigen größere Mengen an Wasser, verwenden Sie eine Grundos Tauchpumpe. Die keine Wartung, langlebige Pumpe werden Sie im Feld Pflege, Zeit und Mühe ziehen Sie Ihre Pumpe zu speichern.

Solar Pump Controller

Fast alle solarbetriebenen Wasserpumpen benötigen einen Pumpensteuerung zwischen der Solar-PV-Panel und der Tauchpumpe verdrahtet. Controller probieren Sie die Spannung und Strom von Ihrem Solar-PV-Panel hergestellt, und passen es an die tatsächliche Belastung der Pumpe. Dies erhöht die Effizienz dramatisch. Die Steuerung ist das "Gehirn" des Systems und reicht von einem einfachen Ein / Aus-Schalter, um ein intelligentes System, die Ihren Betrieb überwacht und warnt Sie auf Überstrom-, oder Trockenlaufbedingungen und wird Ihre Pumpe zu stoppen.

Größere Solartauchpumpensysteme wie die Grundfos SQFlex Tauchpumpen können direkt von Ihrem Solar-PV-Module oder kleinen Windgenerator (48 bis 300 VDC) durch die richtige Steuerung betrieben werden. Sie können auch Ihre Leistung SQFlex Tauchpumpen mit einem Wechselrichter, Generator, Batterie, Stromnetz oder einer beliebigen Kombination dieser Energiequellen, als Back-up-Stromversorgung. Die SQFlex Linie von Tauchpumpen kann von fast jedem Gleichstromquelle von 30 bis 300 VDC betrieben werden, und 90 bis 240 V AC mit Wechselstromquellen. Um dies zu tun, die Tauchpumpen benötigen einen "Controller," um die Stromversorgung der Pumpe zu verwalten.

Mit nur Solar-PV-Modulen kann die Tauch SQFlex mit dem Steuerkasten IO50 gesteuert werden. Dieser Controller verfügt über eine einfache manuelle Ein / Aus-Schalter, der zwischen der Solar-PV-Panel und der Tauchpumpe montiert. Dies ermöglicht Ihnen, von der Solar-PV-Panel Erreichen der Tauchpumpe, wenn Sie gerade installieren, schalten Sie den Gleichstrom, Inspektion oder Wartung Ihrer Pumpe.

Für eine größere Kontrolle über Ihre Tauchpumpensystem die Box 200 WE-Schnittstelle. Dieser Controller ermöglicht es Ihnen, mit der Pumpe zu kommunizieren und verschiedene Aspekte des Pumpsystems zu überwachen. Wenn Sie Wind, Batterie, Generator, Wechselstromnetz oder andere Energieoptionen hinzufügen wollen müssen Sie die CU200-Schnittstelle. Es gibt viele Vorteile für die 200 WE mit integrierten Diagnose Sie Betriebsstatus zu geben, Stromverbrauch und ermöglicht Ihnen, eine Wasserfüllstandsschalter verbinden. Die Fernwasserstand Switch ist ein Schwimmerschalter, der die Pumpe abschaltet, wenn der Tank voll ist. (Einige Pumpensteuerungen können Sie mehrere Schwimmer-Schalter müssen auch starten, Pumpe, wenn der Tank niedrig sind).

Controlling Ihre Solarwasserpumpe mit einem Schwimmerschalter ist eine gute Option. Der Schwimmer-Schalter kann in den Tank montiert werden, und kann über 1.600 Meter von der Pumpensteuerung platziert werden. Hinweis: (Use 18 AWG Zwei-Leiter-Draht, wenn Sie laufen Ihre Schwimmerschalter so weit von der Steuerung).

Wenn Sie sich zu Haken bis ein Back-up Generator, um Ihre Pumpe neben Solar-PV-Paneele für den normalen Gebrauch verwendet Macht sind, müssen Sie die Box IO101 AC-Schnittstelle. Sie können einen Generator als Back-up zu verwenden, oder Sie können die AC-Netz verwenden, wenn verfügbar, als Back-up-Stromquelle. Diese Schnittstelle Feld-Steuerelement ist auf 120 begrenzt VAC gibt so nur Einphasen-Wechselstrom-Eingänge können behandelt werden. Back-up-Diesel oder Gas betriebene Generatoren sind in der Regel zwischen 1,5 und 3,5 kW für den Betrieb dieser SQFlex Tauchpumpen bemessen.

Solarbetriebene Wasserpumpen wie starke Spannung. Spannung ist die elektrische "Druck" von den Solar-PV-Panels produziert. Die Mindestspannung, die Sie von Ihrem Solar-PV-Array müssen, ist durch das, was Ihr braucht, Pump-

Spannung definiert und ist in der Regel 12, 24, 48 oder 96 VDC. Die Mindestspannung für 48 V-Pumpe, am häufigsten für tiefere Brunnen-und Oberflächenpumpen ist 30 VDC unter Last, aber Verkabelung für 100 VDC ist am effizientesten für die maximale Leistung aus Ihrem Pumpe.

Solar-PV-Module können bis zu 600 VDC in Reihe geschaltet werden, aber Solar-Wasserpumpensysteme arbeiten am besten rund 100 VDC, daher verdrahten Ihre Solar PV-Module in Reihe 96 VDC, ideal für Tiefbrunnen. Solar-PV-Module gibt es in vielen Größen und Leistungswerte. Kleinere Solar-PV-Module von 5 Watt - 80 Watt werden meist als 12-VDC-Module fest verdrahtet. Für die Stromversorgung eine kleinere Tauchpumpe mit kleineren PV-Paneele werden Sie Ihre Platten in "Serie" zu verdrahten, um Spannung zu erhöhen. Zwei 12-VDC-Panels in Reihe geschaltet produziert 24 VDC. Draht vier 12 VDC Solar-PV-Panels in Reihe für 48 VDC. Dies ist eine gute Betriebsspannung für kleine Pumpsysteme.

Oberflächenpumpen für Tanks, Zisternen, Teiche, Seen, Bäche, Flüsse und kleine

Shallow Wasserquellen wie Teichen, Bächen, Seen und kleine Flüsse können mit Solar-PV-Leistung sehr gut gepumpt werden, haben aber andere Anforderungen als Tauchpumpen. Zur Förderung von flachen Wasserquellen finden Sie eine Oberflächen Pumpe zu verwenden. Oberflächenpumpen haben verschiedene Arten, aber in allen Fällen in der Nähe der Quelle des Wassers leicht über dem Wasser auf einem festen Fundament montiert, und.

Viele Obstgärten, Gärten und Felder, die beispielsweise von einem Speicher Zisterne bewässert, oder Tank über dem Feld positioniert, Wasser kann die Schwerkraft der Pflanzen durch Öffnen eines Ventils zugeführt werden. Pumpen von Wasser aus einem nahe gelegenen Bach, läuft mit einer geringeren Höhe als die Zisterne, stellt eine typische Wasserpump Szenario. Eine solarbetriebene Pumpe Oberfläche würde verwendet, um das Wasser von der Quelle bis zum Bach der Zisterne zu drücken. In den Kapiteln folgenden Beispiele für unterschiedliche Oberflächen Pumping solarbetriebene Systeme und Szenarien enthalten.

Oberflächenpumpen Wasser bergauf und durch lange Strecken von Rohren zu drücken, um Zisternen und Tanks zu füllen und Wassertanks für die Bewässerung und Viehtränke Druck zu setzen. Seien Sie sicher, dass Ihr Oberflächen Pump nicht höher als 10 bis 20 Meter über der Wasserquelle, und näher ist besser zu platzieren. Pumpen sind entworfen, um zu schieben, nicht ziehen. Da der Luftdruck etwa 15 psi das Vakuum eine Pumpe ziehen kann, ist auf diesen Wert begrenzt auf Meereshöhe. Oberflächenpumpen sind hervorragend für lange Strecken drückt Wasser in Rohrleitungen und darf nicht höher als 10 Meter über dem Wasserquelle montiert werden.

Elemente für die Oberflächenpump benötigt umfasst In-line-Filter, um Korn zu entfernen und schützen Sie Ihre Pumpe, Fuß-Ventil ansaugen Ihre Pumpe und ein Run-Dry-Schalter auf automatisch aus Ihrer Pumpe im Falle abgeschaltet läuft es trocken. In-line-Filter sind in der Regel in 10" und 30"-Patronen und werden inline zwischen Ansaugschlauch (unter Wasser) und der Pumpe platziert.

Kapitel Zwei - Definition Step-by-Step die besten Solar-Wasserpumpen-System für Ihr Job

Nun, da wir einen Überblick über Solar-Wasserpumpen hatten wir ein paar Beispiele, um die Unterschiede zu verdeutlichen. Die Lektüre dieses ebook schlägt Ihnen eine Wasserpumpenprojekt im Sinn haben. Ist Ihre Quelle von Wasser aus einem Brunnen oder aus einem flachen Source? Die folgenden Schritte werden Ihre Pump Bedürfnisse zu definieren und gibt Ihnen die Basis, um die beste Hardware für den Job.

Schritt: Unterwasser-oder Oberflächen Pumpe?

Wenn das Quellwasser aus einem Brunnen finden Sie eine Tauchpumpe zu verwenden. Wenn Ihre

Wasserquelle ist flach in die Tiefe, aus einem Tank, Zisterne, Teich, Bach, Bach, See oder kleinen Fluss, dann benötigen Sie einen Oberflächen Pump.

Schritt zwei: Was ist die Höhe muss ich meine Wasserpumpe, der "steigen?"

Als nächstes wollen wir herausfinden, die "Aufstieg." Wenn man von einer Brunnenpumpe sind, dann wird der Anstieg der Grundwasserspiegel Tiefe (die Tiefe des Wassers in den Brunnen) zuzüglich einer Marge von Fehler sein, mit 20 Meter um Ihre Tiefe), oder fügen Sie mehr, wenn Sie vermuten, dass der Wasserstand während der täglichen Pump sinken. Achten Sie darauf, um zusätzliche Höhe über der Oberfläche des Brunnens, wie einem Tank oder Zisterne hinzufügen. Sie werden Ihre Pumpengröße auf der Grundlage der Gesamt Fahrstuhl Sie benötigen.

Schritt Drei: "Führen" Was ist der horizontale Abstand muss ich die

Der "Run" wird die gesamte horizontale Strecke, die Sie, um das Wasser unabhängig davon, Höhen und Tiefen im Land drängen wollen. Für die Oberflächenpumpen, die Slow-Pump Möglichkeiten, mehr später kommen sind in der Lage des Wasser viele Meilen. Wenn Ihr Wasserpumpen-Projekt hat eine große horizontale "Run," dann spezifische Oberflächenpumpen sind die beste Option.

Schritt vier: Wie viel Wasser brauche ich, um zu pumpen und liefern pro Tag?

Wie viel Wasser Sie pumpen müssen, hängt davon ab, was du tust. Sind Sie Bewässerung ein Garten oder ein Feld? Bewässerung einen Obstgarten oder eine Wasserquelle für ein Haus, Hütte oder Remote-Site? Im obigen Beispiel haben wir die Bewässerung Vieh. Die Schätzung jedes Stück Vieh brauchen 30 Gallonen pro Tag (GPD) können wir die täglichen Herden schätzen müssen, multipliziert mit der Zahl der Rinder.

Wasserpumpen werden üblicherweise in Gallonen pro Minute (GPM) bewertet. Da gibt es 60 Minuten pro Stunde, jede Stunde Wasser gepumpt 60 mal GPM sein. Wenn der GPM ist 10 Gallonen pro Minute, dann würde 1 Stunde 600 Gallonen liefern. Photovoltaikmodule, jedoch liefern Energie über den Tag, und wir schätzen, wie viele "Peak" Stunden äquivalent einem bestimmten Ort erhält von der Sonne.

Durchflussmengen nicht geben Ihnen die Gesamtsonnenenergie Bild. Es ist wichtig, Ihre Bedürfnisse und Tagesgesamtgröße zu schätzen Ihre Solarwasserpumpe auf Basis von Gesamt Gallonen pro Tag (GPD) benötigen Sie passenden Energiebedarf der Pumpe, mit der die Energieproduktion der Solar-PV-Panels.

Schritt Fünf: Wie viel Solarenergie habe ich auf meiner Website?

Die Sonne ist eine leistungsfähige Energiequelle. Fragen Sie irgendjemanden in der Sonne für ein paar Stunden fest wird. In Bezug auf die tatsächliche Leistung, die Sonne bei Standard-Testbedingungen (STC) bewertet. Der STC Zustand definiert die Spitzenleistungsdichte von Solarenergie an der Oberfläche der Erde bei 1000 Watt Leistung pro Quadratmeter (10,5 Quadratmeter). Hinweis: STC definiert auch die Menge der Luftmassen die Sonne Weg führt (1,5 AMO), Standard-Temperatur von 25 Grad C (77 Grad F), eine Windgeschwindigkeit von 2 m / s definiert ferner eine Standardbedingung für die Prüfung und Bewertung Solar-PV-Panels.

Um festzustellen, wie viel Sonnenenergie haben Sie an Ihrem Standort schauen die so Spitzenzeiten für Ihren Standort auf einer Karte Sonnen. In unseren Beispielen benutzen wir hier einen Ort in Kansas, mit 5,5 Sonnenspitzenstunden. Finden Sie Ihren Standorten Solarspitzen-Stunden-Rating.

Raw Sonnenenergie produziert, in Spitzenzustand während einer klaren Himmel, 1 Kilowatt (1.000) Watt optischer Leistung. Solarstrom-Module (Photovoltaik PV-Panels) wandeln diese Lichtenergie in Gleichstrom (DC) mit gutem Wirkungsgrad liefert etwa 140 Watt Strom pro Quadratmeter. Solar-PV-Module sind "fest verdrahtet," um eine gewünschte Spannung zu erzeugen. Jede Solar "Cell" produziert etwa 1/2 Volt DC allein. Erstaunlich, auch bei bewölktem Himmel Solarzellen gute Spannung. Die Menge an Sonnenenergie wird die Menge der "Strom" die Solarzellen produzieren zu fahren. Mehr direkte Sonne, viel mehr Strom. Solarzellen werden miteinander verbunden, um Solar-Module, die Sie für Ihre Solarpump Projekt verwenden werde zu produzieren. Ein Quadratmeter Sonneneinstrahlung ist eine Macht elektrische Kraft. Producing 140 Watt bei 12 VDC, liefert einen Quadratmeter Solarenergie über 10 Ampere Strom. Das ist eine respektable Menge Strom und kann eine erstaunliche Menge von Wasser zu pumpen.

Die von Ihrem Solar-PV-Anlage erzeugte Energie wird die Leistung des Panels multipliziert mit den Sun-Peak-Stunden für Ihren Standort.

Sobald Sie Ihr wissen, Aufstieg , Run , und Wasser-Volumen pro Tag für einen bestimmten Solarwasserpumpen-Projekt gewünschten jetzt sind Sie in der Lage, Größe und Macht dieses System mit der entsprechenden PV-Anlage. Solare Wasser-Pumpsystem Design passt den Energiebedarf der Pumpe, mit der Energieproduktion der Solaranlage. In den nachfolgenden Kapiteln werden wir über verschiedene Solar-Wasser-Pumpsystemen für bestimmte Tiefen und Wassermengen zu gehen.

Sechster Schritt: Wählen Sie die besten Solar-PV-versorgte Wasserpumpsystem

Von den unter Kapitel, wählen Sie die besten Solar-PV-Pumpsystem für Ihr Projekt. Passen Sie die Tiefe Ihrer gut, dann wählen Sie das beste System zB auf der Basis der Gesamtmenge an Wasser Sie jeden Tag für diese Tiefe liefern wollen.

Sobald Sie wissen, dass diese wichtige Statistiken über Ihre Solar-Wasserpumpen-Projekt Pumpe Lieferant kann wissen, wie Sie Ihr System konfigurieren. Ihre andere Wahl ist, um die Systeme in diesem book, die Ihren Wasserbedarf am ehesten gerecht werden entsprechen. Wenn Sie nicht sehen, ein System leistungsfähig genug, in diesem book aufgeführt, dann durch die oben genannten Schritte zu gehen und sich an einen Solarpumpe Lieferanten, oder besuchen Sie **Solardyne.com** für weitere Informationen.

Kapitel Drei: Solar Power mit Solar-Photovoltaik-(PV)-Panels für die Stromversorgung

Die Sonne ist eine mächtige Quelle der Energie und ideal für Wasserpumpen. Solarmodule erzeugen Gleichstrom und sind gut geeignet für extreme Outdoor-Locations für ihre bewährte Haltbarkeit und Zuverlässigkeit im Feld. Solar-PV Module produzieren starke Spannungen auch bei schlechten Lichtverhältnissen Ihnen einige Fähigkeit, auch bei bewölktem Wetter zu pumpen, mit Spitzenleistungen bei auftretenden Hoch Sonne.

Die erzeugte Energie durch Ihren Solar-PV-Panel wird die Leistung multipliziert mit Ihrem Tages Solar-peak-Stunde Skala für Ihre Website.

Prüfen Sie Lage mit Solar Power Karte.

Alle Spannungen führen "bergab." Wenn Sie einen 12-VDC-Last von einem Solar-PV-Panel mit Strom versorgen möchten, müssen Sie auf mehr als 12 VDC in Spannung zu erzeugen, um die Last entweder von einem Solarpanel oder Batterie fahren. Für eine 12 VDC Solar PV-Panel, eine höhere Spannung erzeugen, wird der Hersteller 36 einzelne Solarzellen innerhalb des Moduls in Reihe verdrahten. Verdrahtung der einzelnen Solarzellen in Reihe "Fügt" die Spannungen Herstellung einer Nenn 18 VDC. Unter Last, die, wenn Sie die Pumpe anzuschließen ist, wird der Spannungsabfall, wie die PV-Paneele die Pumpe antreibt.

Kleinere PV- Panels von 5 Watt bis 120 Watt sind in der Regel 12-VDC- Panels. Wenn Sie größere Systemspannungen Draht diese Tafeln in Serie wollen. Zwei in Reihe für 24 VDC. Vier in Reihe für 48 VDC. Größere Solar-PV-Paneele , von 140 Watt - 280 Watt bei verdrahtet 24 VDC jeder. Draht zwei PV-Module in Reihe für 48 VDC-Systeme, PV-Module oder vier in Reihe für 96 VDC - Ideal für Spannung tiefer Brunnen.

Hinweis : Bei der Verdrahtung Solar-PV-Platten in Arrays Draht in Serie zu Spannung (Strom gleich bleibt), Draht in Parallele zu erhöhen, um zu erhöhen Strom (Spannung bleibt gleich).

Solare Wasser-Pumpsysteme sind entworfen, um durch einen Betrieb Spannungsbereich , in der

Regel 30 bis 300 VDC. Sofern nicht anders angegeben, verwenden 48 VDC als System Minimum. Die Ausnahme wäre, wenn Sie eine bestimmte 12 oder 24 VDC Solar-PV-Kleinpumpsystem zu einem bestimmten 12 angepasst, oder 24 VDC Pumpe zu verwenden. Die allgemeine Regel ist tiefer Tiefen benötigen höhere Spannungen.

Montage Ihre Solar-PV-Panels - Die Optionen

Sonnenkollektoren können eine Vielzahl von Arten montiert werden. Diese Optionen umfassen Pole Montage, Boden Montage, Dach Montage, Passiv-Tracking- und Aktiv-Tracking -Montage.

Feste Halterungen halten den Solar-PV-Panel zu einem bestimmten Neigungswinkel und ist einstellbar. Um die Ausgabe auf Ihren Solar-PV-Anlage zu erhöhen, können diesen Winkel saisonbereinigt um Sonneneinstrahlung zu maximieren. Alle Solar-Halterungen montiert sind, um Süd-Gesicht, wenn Ihre Website ist in der nördlichen Hemisphäre, (Hinweis: zeigen Sie Ihre Platten North, wenn Sie in der südlichen Hemisphäre sind).

PV-Module für Wasserpump brauchen eine stabile und zuverlässige Montagehalterung. Solar-PV-Module können Mast entweder auf die Top-of-the-polig, als Impressum oder sein kann Side-Mast. Side-Pole Montage-Hardware hat eine Halterung entlang der unteren und oberen Ende der Solar-PV-

Panels. Mastmontage ist eine gute Option, weil es Ihre Platten hält über den Boden minimiert Bodenwirkungen wie erhöhte Staub. Auch der Verdrahtung Panels, sobald sie auf der Montage-Zubehör Halterung montiert ist einfacher, als kriecht unter den Solar-PV-Paneele (J-Boxen sind auf der Rückseite des Panel) ist praktisch zu tun.

Mastmontage Ihre Solar-PV-Paneele ermöglicht auch die Montage. Kleinere Solar-PV-Module zu montieren wird auf Standard 1,5" Spielplan Nr. 40 Pfeife. Vorbereitende Baustellen beinhaltet auguring ein Loch und Einstellung Ihrer Pol in Zement und Zuschlagstoffe.

Größere Solar-PV- Arrays bis zu 2.000 Watt bei Top of Mastmontage, Montage auf entweder 2,5"-Spielplan Nr. 40 Rohr, 3.5," oder 4,5" -Rohr für die größten Arrays. Die folgenden Beispiele nennen die spezifischen Durchmesser Ihrer Montagerohr.

Für Robustheit und geringe Kosten, können Sie auch zu ebener Erde auf Ihren Solar-Panels. Bodenmontage ist ein A-Frame-Rack, dass Sie Ihre Neigungswinkel einstellen kann. Die allgemeine idealen Winkel für die Montage auf Ihren Solar-PV-Module ist, indem Ihr Latitude Winkel von der Website gefunden und subtrahieren 15 Grad. Deshalb, wenn Sie Ihren Standort hat eine Breite von 45 Grad, ist der richtige Neigungswinkel 30 Grad gemessen von der Horizontalen.

Hinweis : Wenn Ihre Website ist in einem tropischen Lage, oder ein sehr bewölkt Lage ist das beste Neigungswinkel kein Winkel. Montieren Sie Ihre Platten flach. Dies wird die meisten "Global" die Sonnenstrahlung, die sowohl direkte ist, und indirekte Strahlen empfangen.

Sie können auch Ihre montieren Solar-PV-Array auf dem Dach, wenn Ihr Dach ist in der Nähe Ihres Bohrplatz. In den meisten Fällen ist dies nicht so, so dass ich nur erwähnen, diese Option.

Erzeugung von Solarenergie wird erhöht, wenn Sie immer nach den Solar-PV-Panel auf die Sonne. Tracking-Hardware tut dies entweder in einer Achse - Morgen über Nacht, oder auf zwei-Achse (Höhe und Azimuth), die am genauesten ist.

Trackers sind in zwei Typen eingeteilt: passiv und aktiv sind. Passive Tracking wie mit der Zomeworks Getriebe hat eine große Robustheit und erhöht Solar-PV-Panel Ausgang in Energie etwa 25% im Durchschnitt. Passiv-Art-Tracker ungleichmäßige Erwärmung der Gase zu internen Selbst-justieren Sie die Paneele während des Tages.

Solare Wasser-Pump liebt direkte Sonneneinstrahlung. Nach dem Lauf der Sonne, Solar PV-Module erhöhen die Energieproduktion - Stromproduktion über die Zeit. Die Wassermenge, mit Solar-PV-Module gepumpt ist eine direkte Funktion der Energie. Je mehr Energie durch Ihren

Solar-PV-Anlage, die mehr Wasser Sie pumpen produziert.

Aktive Tracking mit Wattsun Aktive Trackers erhöht die Leistung von Solar-PV-Panels so viel wie 35%. Mit Servomotoren und ein Sonnensensor, angetrieben von einem separaten Solar-PV-Array, die Wattsun trackers extrahieren die maximale Energie aus dem Solar-PV-Arrays. Es gibt eine Kostensteigerung für die Hardware, sondern die Systemleistung drastisch erhöht. Wenn Ihre Website ist sehr abgelegen, würde ich empfehlen, keine beweglichen Teile, und gehen Sie mit Top-Mastmontage keine Wartung erfordern Potenzial. Wenn Sie einfachen Zugriff auf Ihre Website, oder Sie in einer sehr kleinen Stellfläche sind, aktiv-Tracking eine gute Option für Steigerung der Performance.

In den unten aufgeführten Probensysteme werden wir zwei Solar-PV-Module als Beispiele verwenden. Für kleinere Solar-PV-Module , bewertet bei jedem 12 VDC, werden die Dasol Platten von 30, 60, 90 und 135 Watt Nennleistung, zitiert. Für größere Solar-PV-Module werden wir die REC Zeile mit dem beliebten und weithin verfügbar 250 Watt-Modul (Platte) bewertet bei jedem 24 VDC.

Die unten aufgeführten Solar Power-Systeme werden diese Sonnenkollektoren, oder eine Kombination von Sonnenkollektoren, um Spannung und / oder Strom für mehr Wasser gepumpt erhöhen.

Kapitel Vier: Shallow Well Wasserpumpen mit Solar PV von 20 bis 200 Fuß Tiefe

In diesem Kapitel werden wir an der Solarstromversorgung und Systemen suchen Pumpen einer seichten Brunnen von bis zu 200 Fuß Tiefe. Kleinere und Pumpsysteme (die unter 200 Fuß Lift), wie in diesem Beispiel, kann die Verwendung Shurflo 9300 Tauchpumpe. Die Shurflo

Pumpen eignen sich hervorragend für diesen geringen Tiefen (bis zu 230) und sind ideal für 12 und 24 V DC-Systemen.

Es ist sehr einfach, ein Solar-PV-System zu konstruieren, um die Macht 12 VDC oder 24 VDC-Systemen.

Solar-PV-Module von 100 bis 200 Watt sind in diesem Bereich ideal und produzieren von 1,95 GPM für Tiefen von 20 Fuß, auf 1,52 GPM für Tiefen bis zu 230 Meter. Die SHUFlo 9300 verwendet " Verdränger "Pumpen und verfügen über eine hohe Effizienz in der Feldbedingungen. Die SHURflo ist eine gute Wahl für Ihren Flachbrunnen, sondern weil es ist ein "Verdränger" Pumpentyp die Membranen müssen alle 2-4 Jahre ausgetauscht werden, je nach Umfang der Nutzung.

So ändern sich die Membranen, müssen Sie, um die Pumpe auszuschalten (auf dem Controller), um den Solar-PV-Strom an der Pumpe lösen. Dann werden Sie brauchen, um die Pumpe, die sie schleppen sich mit der Drop-Linie, die Sie angebracht gehalten habe, ist zu ziehen. Möglicherweise müssen Sie die ersetzen Bürsten, Membrane und Ventile alle zwei Jahre oder mehr, aber du wirst tolle Leistung von dieser Pumpe zu bekommen. (Hinweis: Überprüfen Sie die Verbindung zwischen dem Kabel und der Pumpe, da diese manchmal in rauen Umgebungen korrodieren).

Die Shurflo 9300 ist eine Tauchpumpe, und mit der richtigen Solar-PV-Array 1.3 GPM bei 230 Fuß Tiefe zu heben, und fast 2 GPM aus sehr flachen Brunnen.

Kleine Solar-PV-Module für 12 und 24 VDC Wasserpump

Für ein Beispiel werden wir Dasol PV-Module für die 12 zu verwenden, und 24 VDC Pumpsysteme. REC Solar PV-Module werden für die größeren Pumpsysteme mit 250-Watt-Solar-PV-Module für den folgenden Beispielen verwendet werden. Dasol und REC Solar PV-Paneele sind aus Monokristalline Solarzellen, die die höchste Solar Effizienz, mit starken Spannungs-und Stromproduktion in einem weiten Bereich von Solar-Bedingungen.

Um die Stromversorgung der Pumpe Shurflo 9300 müssen Sie den passenden Controller auswählen. Es gibt zwei Optionen: die Controller 902-100, 902-200 und das Modell auf. Jeder der unten Systeme als Vorschläge ausgewählt.

Die 902 bis 110 Controller ist die grundlegende Steuerung und ist nicht wasserdicht, so sicher sein, unter dem Deckmantel von den Elementen zu mounten. Die Controller schützen Ihre Pumpe von einem Überstromzustand, sowie eine Niederspannungs-Situation Drehen Sie die Pumpe aus, um den Stromkreis zu schützen. Die 902-100 ist ideal für 24-VDC-Solar-PV-Arrays.

Die 902-Serie-Controller bietet einen wählbaren Schalter für 12 VDC oder 24 VDC-Systemen. Dieser Controller enthält einen manuellen Ein / Aus-Selektor sowie Eingänge für drei hohe / niedrige Wassersensoren und Sensordraht. Die Sensoren können in Ihrem gut hängen und erkennen einen niedrigen Wasserzustand, um die Pumpe vor Trockenlauf, die Ihre Pumpe beschädigen können, zu verhindern.

Das folgende ist eine Liste der PV Solarbetriebene Wasserpumpsysteme mit einer Stückliste. Bitte scannen Sie bis in die Tiefe Brunnen und Gallonen pro Tag, bis Sie ein System, das genau beschreibt Ihre Wasserpump Bedürfnisse zu finden.

Beispiel A:

Tiefe von Well 20 Fuß - Wasser Lieferung 1,95 Gallonen pro Minute:

Teileliste:
Zwei (2) Solar-PV-Module bei 30 Watt und 12 VDC Nenn jedem. 60 Watt Gesamt Array. Beispiel PV-Panel: Dasol DS-A18-30, jede Größe: 27,2" x 13,8" x 1" Top-of-Pole-Montage-Zubehör für zwei 30-Watt-Panels (in Serie für 24 VDC verdrahtet). Befestigung auf 1,5" Schedule # 40 Rohr
Shurflo 9300 Tauchpumpe. SHURflo 902-200 Controller (Float-Ventile, Wasserstandssensoren, optional). Drop-Kabel, Netzkabel (# 10-2C) und Grundstoffe ortsspezifische.

Hinweis : Um die Wassertagesleistung mehrfach GPM x 60 x Spitzenzeiten für Ihren Standort zu berechnen. Beispiel: (1,95 x 60 x 5.5) für Kansas bei 5,5 Solarspitzenzeiten wie für diese Website aufgeführt. Dies kommt zu einem Durchschnitt von 643 Gallonen pro Tag. Verwenden Sie Ihre Spitzen-Stunden-Skala für Ihre Website zu berechnen, wie viel Wasser wird dieses System bei Ihnen vor Ort zu produzieren.

Beispiel B:

Tiefe von Well 20 Fuß - Wasserliefer 24 Gallonen pro Minute:

Teileliste:
Zwei (2) Solar PV-Panels bei 250 Watt ausgelegt und jeweils 24 VDC, 500 Watt Gesamt. Beispiel Photovoltaik: REC Solar PV-250PE, jeder Größe: 65,5" x 39" x 1.5" Top-of-Pole-Montage-Zubehör für zwei 250-Watt-Panels (in Serie für 48 VDC verdrahtet). Befestigung auf 2,5" Schedule # 40 Rohr. Ein (1) Grundfos Tauchpumpe Modell 40-SQR-3 mit 4" Durchmesser bewertet bei 24 GPM. Ein (1) Grundfos Controller-Modell: 200 WE (Optional Schwimmerschalter, Kommunikation). Drop-Kabel, Netzkabel, und Grundlage ortsspezifische Materialien.

Tägliche Wasser gepumpt GPM x 60 x Spitzenzeiten für Ihre Website (5,5 Spitzenzeiten für Kansas als

Beispiel). System produziert 7.920 Gallonen pro Tag im Durchschnitt.

Beispiel C:

Tiefe von Well 50 Fuß - Wasserliefer 27 Gallonen pro Minute:

Teileliste:
Vier (4) Solar-PV-Module mit 250 Watt und 24 VDC Nenn jeweils 1.000 Watt Gesamt. Beispiel Solar-PV-Panel: REC Solar PV-250PE, jeder Größe: 65,5" x 39" x 1.5" Top-of-Pole-Montage-Zubehör für vier 250-Watt-Verkleidungen (in Serie für 96 VDC verdrahtet). Befestigung auf 3,5" Schedule # 40 Rohr. Ein (1) Grundfos Tauchpumpe Modell 40-SQR-5 mit 4" Durchmesser bewertet bei 27 GPM. Ein (1) Grundfos Controller-Modell: 200 WE (Optional Schwimmerschalter, Kommunikation). Drop-Kabel, Netzkabel, und Grundlage ortsspezifische Materialien.

Tägliche Wasser gepumpt GPM x 60 x Spitzenzeiten für Ihre Website (5,5 Spitzenzeiten für Kansas als Beispiel). System produziert 8.910 Gallonen pro Tag im Durchschnitt.

Beispiel D:

Tiefe von 60 Fuß Gut - Wasser liefern 1,75 Gallonen pro Minute:

Teileliste:
Zwei (2) Solar-PV-Module zu je 60 Watt für insgesamt 120 Watt 12 VDC jeweils bewertet. Beispiel PV-Panel: Dasol DS-A18-60, jede Größe: 27,2" x 26,2" x 1,38" Top-of-Pole Montagematerial für zwei 60-Watt-Panels (in Serie für 24 VDC verdrahtet). Befestigung auf 1,5" Schedule # 40 Rohr. Ein (1) Shurflo 9300 Tauchpumpe bei 1,75 GPM bewertet. Ein (1) Shurflo 902-200 Controller (Schwimmerschalter, drei Wassersensoren optional). Drop-Kabel, Stromkabel (# 10-2C) und Grundstoffe.

Total Water für unser Beispiel Lage (Kansas) geliefert mit der Solar-Stunden-Peak-Bewertung von 5,5 Spitzenzeiten. Geschätzte tägliche Wasser insgesamt ist GPM x 60 x Spitzen-Stunden-Rating, das entspricht 577 Liter pro Tag.

Beispiel E:

Tiefe von 75 Fuß Well - Wasserliefer 8 Gallonen pro Minute:

Teileliste:
Zwei (2) Solar PV-Panels bei 250 Watt ausgelegt und jeweils 24 VDC, 500 Watt Gesamt. Beispiel Photovoltaik: REC Solar PV-250PE, jeder Größe: 65,5" x 39" x 1,5" Ein (1) Top-of-Pole-Montage-Zubehör für zwei 250-Watt-Panels (in Serie für 48 VDC verdrahtet). Befestigung auf 2,5" Schedule # 40 Rohr. Ein (1) Grundfos Tauchpumpe Modell 11-

SQR-2 mit 3" Durchmesser bewertet bei 8 GPM. Ein (1) Grundfos Controller-Modell: 200 WE (Optional Schwimmerschalter, Kommunikation). Drop-Kabel, Netzkabel, und das Fundament Materialien ortsspezifische.

Tägliche Wasser gepumpt wird geschätzt 2.640 Gallonen pro Tag.

Beispiel F:

Tiefe von Well 100 Fuß - Wasser Lieferung 1,61 Gallonen pro Minute:

Teileliste:
Zwei (2) Solar PV-Panels bewertet bei 90 Watt für jeweils insgesamt 180 Watt bei jedem 12 VDC. Beispiel PV-Panel: Dasol DS-A18-90, jede Größe: 39" x 26,2" x 1,38" Top-of-Pole Montage-Hardware für zwei 90 Watt PV-Paneele (in Serie für 24 VDC verdrahtet). Befestigung auf 1,5" Schedule # 40 Rohr. Ein (1) Shurflo 9300 Tauchpumpe. Ein (1) Shurflo 902-200 Controller (Optional bietet Wassersensoren und Schwimmer-Ventil). Drop-Kabel, Stromkabel (# 10-2C) und Grundstoffe

Geschätzte tägliche Wasserproduktion 531 Liter pro Tag.

Beispiel G:

Tiefe von Well 100 Fuß - Wasserliefer 6,4 Gallonen pro Minute

Teileliste:
Zwei (2) Solar PV-Panels bei 250 Watt ausgelegt und jeweils 24 VDC, 500 Watt Gesamt. Beispiel Platte: REC Solar PV-Modell: 250PE, jeder Größe: 65,5" x 39" x 1.5" Top-of-Pole-Montage-Zubehör für zwei 250-Watt-Panels (in Serie für 48 VDC verdrahtet). Befestigung auf 2,5" Schedule # 40 Rohr. Ein (1) Grundfos Tauchpumpe Modell 11-SQR-2 mit 3" Durchmesser bewertet mit 6,4 GPM. Ein (1) Grundfos Controller-Modell: 200 WE (Optional Schwimmerschalter, Kommunikation). Drop-Kabel, Netzkabel, und Grundlage ortsspezifische Materialien.

Tägliche Wasser gepumpt GPM x 60 x Spitzenzeiten für Ihre Website (5,5 Spitzenzeiten für Kansas als Beispiel). System-Aufzüge und Pumpen schätzungsweise 2.112 Gallonen pro Tag.

Beispiel H:

Tiefe von Well 100 Fuß - Wasserliefer 12 Gallonen pro Minute

Teileliste:
Vier (4) Solar-PV-Module mit 250 Watt und 24 VDC Nenn jeweils 1.000 Watt Gesamt. Beispiel Platte: REC Solar PV-Modell: 250PE, jeder Größe: 65,5" x 39" x 1.5" Top-of-Pole-Montage-Zubehör für vier 250-

Watt-Verkleidungen (in Serie für 96 VDC verdrahtet). Befestigung auf 2,5" Schedule # 40 Rohr. Ein (1) Grundfos Tauchpumpe Modell 11-SQR-2 mit 3" Durchmesser bewertet bei 12 GPM. Ein (1) Grundfos Controller-Modell: 200 WE (Optional Schwimmerschalter, Kommunikation). Drop-Kabel, Netzkabel, und Grundlage ortsspezifische Materialien.

Tägliche Wasser gepumpt GPM x 60 x Spitzenzeiten für Ihre Website (5,5 Spitzenzeiten für Kansas als Beispiel). System-Aufzüge und Pumpen schätzungsweise 3.960 Gallonen pro Tag.

Beispiel I:

Tiefe von Well 100 Fuß - Wasserliefer 19 Gallonen pro Minute

Teileliste:
Sechs (6) Solar-PV-Module mit 250 Watt und 24 VDC Nenn jeweils 1.500 Watt Gesamt. Beispiel Solarpanel: REC Solar PV-Modell: 250PE, jeder Größe: 65,5" x 39" x 1.5" Top-of-Pole-Montage-Zubehör für sechs 250-Watt-Panels (in Serie für 144 V-Kabel). Befestigung auf 3,5" Schedule # 40 Rohr. Ein (1) Grundfos Tauchpumpe Modell 25-SQR-7 mit 3" Durchmesser bewertet bei 19 GPM. Ein (1) Grundfos Controller-Modell: 200 WE (Optional Schwimmerschalter, Kommunikation). Drop-Kabel, Netzkabel, und Grundlage ortsspezifische Materialien.

Tägliche Wasser gepumpt GPM x 60 x Spitzenzeiten für Ihre Website (5,5 Spitzenzeiten für Kansas als Beispiel). System-Aufzüge und Pumpen schätzungsweise 6.270 Gallonen pro Tag.

Beispiel J:

Tiefe von 200 Fuß Well - Wasser Lieferung 1,52 Gallonen pro Minute

Teileliste:
Zwei (2) Solar PV-Panels bewertet bei 135 Watt für jeweils insgesamt 270 Watt bei jedem 12 VDC. Beispiel Platte: Dasol DS-A18-135, jede Größe: 56,7" x 26,2" x 1,38" Gewicht: 24 £
Top-of-Pole Montage-Hardware für zwei 135 Watt PV-Paneele (in Serie für 24 VDC verdrahtet) Halterungen auf 1,5"-Spielplan Nr. 40 Pfeife.

Ein (1) Shurflo 9300 Tauchpumpe. Ein (1) Shurflo 902-200 Controller (Optional Schwimmerventil und Wassersensoren). Drop-Kabel, Stromkabel (# 10-2C) und Grundstoffe.

Pro Tag für Wasser gepumpt Kansas, mit 5,5 Spitzenzeiten (ersetzen Ihre Standorte Spitzen-Stunden-Stern) gleich GPM x 60 x Spitzenstunden. Gesamtwasser gepumpt 500 Liter pro Tag.

Beispiel K:

Tiefe von Well 200 Fuß - Wasserliefer 3,8 Gallonen pro Minute

Teileliste:
Vier (4) Solar-PV-Module mit 250 Watt und 24 VDC Nenn jeweils 1.000 Watt Gesamt. Beispiel Solarkollektoren: REC Solar PV-Modell: 250PE, jeder Größe: 65,5" x 39" x 1.5" Top-of-Pole-Montage-Zubehör für vier 250-Watt-Verkleidungen (in Serie für 96 VDC verdrahtet). Befestigung auf 2,5" Schedule # 40 Rohr. Ein (1) Grundfos Tauchpumpe Modell 6-SQR-2 mit 3" Durchmesser bei 3,8 GPM bewertet. Grundfos Controller-Modell: 200 WE (Optional Schwimmerschalter, Kommunikation). Drop-Kabel, Netzkabel, und Grundlage ortsspezifische Materialien.

Tägliche Wasser gepumpt GPM x 60 x Spitzenzeiten für Ihre Website (5,5 Spitzenzeiten für Kansas als Beispiel). System-Aufzüge und Pumpen schätzungsweise 1.254 Gallonen pro Tag.

Beispiel L:

Tiefe von Well 200 Fuß - Wasserliefer 7,6 Gallonen pro Minute

Teileliste:
Vier (4) Solar-PV-Module mit 250 Watt und 24 VDC Nenn jeweils 1.000 Watt Gesamt. Beispiel

Photovoltaik: REC Solar PV-Modell: 250PE, jeder Größe: 65,5" x 39" x 1.5" Top-of-Pole-Montage-Zubehör für vier 250-Watt-Verkleidungen (in Serie für 96 VDC verdrahtet). Befestigung auf 2,5" Schedule # 40 pipe.One (1) Grundfos Tauchpumpe Modell 11-SQR-2 mit 3" Durchmesser bei 7,6 GPM bewertet. Ein (1) Grundfos Controller-Modell: 200 WE (Optional Schwimmerschalter, Kommunikation). Drop-Kabel, Netzkabel, und Grundlage ortsspezifische Materialien.

Tägliche Wasser gepumpt GPM x 60 x Spitzenzeiten für Ihre Website (5,5 Spitzenzeiten für Kansas als Beispiel). System-Aufzüge und Pumpen schätzungsweise 2.500 Gallonen pro Tag.

Beispiel M:

Tiefe von Well 200 Fuß - Wasserliefer 12 Gallonen pro Minute

Teileliste:
Sechs (6) Solar-PV-Module mit 250 Watt und 24 VDC Nenn jeweils 1.500 Watt Gesamt. Beispiel Solar-PV-Panel: REC Solar PV-Modell: 250PE, jeder Größe: 65,5" x 39" x 1.5" Top-of-Pole-Montage-Zubehör für sechs 250-Watt-Panels (in Serie für 144 V-Kabel). Befestigung auf 3,5" Schedule # 40 Rohr. Ein (1) Grundfos Tauchpumpe Modell 11-SQR-2 mit 3 "Durchmesser bewertet bei 12 GPM. Grundfos Controller-Modell: 200 WE (Optional Schwimmerschalter, Kommunikation). Drop-Kabel,

Netzkabel, und Grundlage ortsspezifische Materialien.

Tägliche Wasser gepumpt GPM x 60 x Spitzenzeiten für Ihre Website (5,5 Spitzenzeiten für Kansas als Beispiel). System-Aufzüge und Pumpen schätzungsweise 3.960 Gallonen pro Tag.

Kapitel Fünf - Solarpumpbrunnen von 400 Fuß Tiefe

In diesem Kapitel werden wir uns Solar-PV-betriebene Wasserpumpsysteme für Tiefbrunnen bis zu 400 Fuß Tiefe zu suchen.

Wie wir tiefer und tiefer gehen, müssen wir die Spannung und Strom von der Solar-PV-Anlage produziert erhöhen. Brunnen tiefer als 200 Meter erfordern größer als 48 VDC Solaranlagen, und sind am besten für 96 VDC verdrahtet. Solar-PV-Module sind in der Regel bis zu 600 VDC Nenn so Ihre Platten sind gut gestaltet und sind bei großen Pumpen von Wasser bei diesen Spannungen.

Beispiel N:

Tiefe von Well 400 Fuß - Wasserliefer 1,8 Gallonen pro Minute

Teileliste:
Zwei (2) Solar PV-Panels bei 250 Watt ausgelegt und jeweils 24 VDC, 500 Watt Gesamt. Beispiel PV-Module: REC Solar PV-Modell: 250PE, jeder Größe: 65,5" x 39" x 1.5" Top-of-Pole-Montage-Zubehör für zwei 250-Watt-Panels (in Serie für 48 VDC verdrahtet). Befestigung auf 2,5" Schedule # 40 Rohr. Ein (1) Grundfos Tauchpumpe Modell 3-SQR-3 mit 3" Durchmesser bewertet mit 1,8 GPM. Ein (1) Grundfos Controller-Modell: 200 WE (Optional Schwimmerschalter, Kommunikation). Drop-Kabel, Netzkabel, und Grundlage ortsspezifische Materialien.

Tägliche Wasser gepumpt GPM x 60 x Spitzenzeiten für Ihre Website (5,5 Spitzenzeiten für Kansas als Beispiel). System-Aufzüge und Pumpen schätzungsweise 594 Liter pro Tag.

Beispiel O:

Tiefe von Well 400 Fuß - Wasserliefer 4,8 Gallonen pro Minute

Teileliste:
Vier (4) Solar-PV-Module mit 250 Watt und 24 VDC Nenn jeweils 1.000 Watt Gesamt. Beispiel Platten:

REC Solar PV-Modell: 250PE, jeder Größe: 65,5" x 39" x 1.5" Top-of-Pole-Montage-Zubehör für vier 250-Watt-Verkleidungen (in Serie für 96 VDC verdrahtet). Befestigung auf 3,5" Schedule # 40 Rohr. Ein (1) Grundfos Tauchpumpe Modell 6-SQR-3 mit 3 "Durchmesser bewertet mit 4,8 GPM. Ein (1) Grundfos Controller-Modell: 200 WE (Optional Schwimmerschalter, Kommunikation). Drop-Kabel, Netzkabel, und Grundlage ortsspezifische Materialien.

Tägliche Wasser gepumpt GPM x 60 x Spitzenzeiten für Ihre Website (5,5 Spitzenzeiten für Kansas als Beispiel). System-Aufzüge und Pumpen schätzungsweise 1.584 Gallonen pro Tag.

Beispiel P:

Tiefe von Well 400 Fuß - Wasserliefer 5,7 Gallonen pro Minute

Teileliste:
Sechs (6) Solar-PV-Module mit 250 Watt und 24 VDC Nenn jeweils 1.500 Watt Gesamt. Beispiel Platten: REC Solar PV-Modell: 250PE, jeder Größe: 65,5" x 39" x 1.5" Top-of-Pole-Montage-Zubehör für sechs 250-Watt-Panels (in Serie für 144 V-Kabel). Befestigung auf 3,5" Schedule # 40 Rohr. Ein (1) Grundfos Tauchpumpe Modell 6-SQR-3 mit 3" Durchmesser bewertet mit 5,7 GPM. Ein (1) Grundfos Controller-Modell: 200 WE (Optional Schwimmerschalter,

Kommunikation). Drop-Kabel, Netzkabel, und Grundlage ortsspezifische Materialien.

Tägliche Wasser gepumpt GPM x 60 x Spitzenzeiten für Ihre Website 5,5 Spitzenzeiten für Kansas als Beispiel). System-Aufzüge und Pumpen schätzungsweise 1.881 Gallonen pro Tag.

Kapitel Sechs -
Solarpumpsysteme für Wasser
Wells bis zu 650 Fuß Tiefe

Im Folgenden sind einige Solar PV betriebene
Wasserpumpsysteme für Tiefbrunnen bis zu 650 Fuß
Tiefe. Als tiefere Tiefen gepumpt werden, kann es
erforderlich sein, den Kabeldraht von kürzeren
Längen Spleiß. Nachdem Sie die Gesamtlänge des
Kabels zu schätzen, was Sie für Ihr Wohl benötigen,
(In 20 Fuß für Marge), versuchen Sie, das Kabel in
einer Länge auf eine Spule zu kaufen. Allerdings ist
Spleißen Kabel manchmal erforderlich, wie Spulen
auf 100 beschränkt werden, oder 250 Fuß Länge,
jeweils abhängig von Ihren Lieferanten (500 Fuß
Spulen nicht gibt). Splice-Kits sind von Ihrem

Pumpenhersteller, Lieferanten oder Draht vor Ort und wird benötigt, wenn die Pumpe Tiefe eine einzelne Drahtlänge auf Spule (in der Regel 2C mit Erdungskabel) überschreitet. Spleiße, richtig installiert sind robust, sicher sein, Wrap mit einem Wärmeschrumpfpistole gründlich, bevor Sie.

Beispiel Q:

Tiefe von Well 650 Fuß - Wasserliefer 0,9 Gallonen pro Minute

Teileliste:
Zwei (2) Solar PV-Panels bei 250 Watt ausgelegt und jeweils 24 VDC, 500 Watt Gesamt. Beispiel Platte: REC Solar PV-Modell: 250PE, jeder Größe: 65,5" x 39" x 1.5" Top-of-Pole-Montage-Zubehör für zwei 250-Watt-Panels (in Serie für 48 VDC verdrahtet). Befestigung auf 2,5" Schedule # 40 Rohr. Ein (1) Grundfos Tauchpumpe Modell 3-SQR-3 mit 3 "Durchmesser bewertet bei 0,9 GPM. Ein (1) Grundfos Controller-Modell: 200 WE (Optional Schwimmerschalter, Kommunikation). Drop-Kabel, Netzkabel, und Grundlage ortsspezifische Materialien.

Tägliche Wasser gepumpt GPM x 60 x Spitzenzeiten für Ihre Website (5,5 Spitzenzeiten für Kansas als Beispiel). System-Aufzüge und Pumpen schätzungsweise 297 Liter pro Tag.

Beispiel R:

Tiefe von Well 650 Fuß - Wasserliefer 2,5 Gallonen pro Minute

Teileliste:
Vier (4) Solar-PV-Module mit 250 Watt und 24 VDC Nenn jeweils 1.000 Watt Gesamt. Beispiel Platten: REC Solar PV-Modell: 250PE, jeder Größe: 65,5" x 39" x 1.5" Top-of-Pole-Montage-Zubehör für vier 250-Watt-Verkleidungen (in Serie für 96 VDC verdrahtet). Befestigung auf 3,5" Schedule # 40 Rohr. Ein (1) Grundfos Tauchpumpe Modell 3-SQR-3 mit 3" Durchmesser bewertet bei 2,5 GPM. Ein (1) Grundfos Controller-Modell: 200 WE (Optional Schwimmerschalter, Kommunikation). Drop-Kabel, Netzkabel, und Grundlage ortsspezifische Materialien.

Tägliche Wasser gepumpt GPM x 60 x Spitzenzeiten für Ihre Website (5,5 Spitzenzeiten für Kansas als Beispiel). Solar-Pumpsystem Aufzüge und Pumpen schätzungsweise 825 Liter pro Tag.

Beispiel S:

Tiefe von Well 650 Fuß - Wasser Lieferung 4.1 Gallonen pro Minute

Teileliste:
Sechs (6) Solar-PV-Module mit 250 Watt und 24 VDC Nenn jeweils 1.500 Watt Gesamt. Beispiel Platten:

REC Solar PV-Modell: 250PE, jeder Größe: 65,5" x 39" x 1.5" Top-of-Pole-Montage-Zubehör für sechs 250-Watt-Panels (in Serie für 144 V-Kabel). Befestigung auf 3,5" Schedule # 40 Rohr. Ein (1) Grundfos Tauchpumpe Modell 6-SQR-3 mit 3" Durchmesser bewertet mit 4,1 GPM. Ein (1) Grundfos Controller-Modell: 200 WE (Optional Schwimmerschalter, Kommunikation). Drop-Kabel, Netzkabel, und Grundlage ortsspezifische Materialien.

Tägliche Wasser gepumpt GPM x 60 x Spitzenzeiten für Ihre Website (5,5 Spitzenzeiten für Kansas als Beispiel). System-Aufzüge und Pumpen schätzungsweise 1.353 Gallonen pro Tag.

Kapitel Sieben -
Solarpumpsysteme für Wells
von 800 Fuß Tiefe

Solare Wasser-Pumpsysteme für Tiefen von 800 Fuß
brauchen starke Spannungen. Solar-PV-Module
sind in Reihe geschaltet, um "Hinzufügen"
Spannung. Um mehr Strom, "Ampere" Draht Ihre
Sonnenkollektoren (oder Teilzeichenfolgen) in
Parallele zu produzieren. Die Solar-PV-
Pumpsysteme sind so konfiguriert, unten zu heben
und pumpen das in den täglichen Gallonen pro Tag
Wasser geliefert aufgeführt Wasser. Grundfos
Tauchmotorpumpen sind im Feld
(Edelstahlgehäuse) haltbar und richtig installiert ist,
kann von 12 bis 15 Jahren mit minimaler Wartung
zu betreiben.

Wenn Sie zu einem Tank oder Zisterne in der Nähe
Ihres Nun pumpt, achten Sie darauf, um die

vertikale Entfernung müssen Sie noch einmal Ihre Wasserpumpe von der Oberseite des gut für Ihr gesamter Hub erforderlich erreicht hat hinzuzufügen.

Beispiel T:

Tiefe von Well 800 Fuß - Wasserliefer 1,6 Gallonen pro Minute

Teileliste:
Fünf (5) Solar-PV-Module mit 250 Watt und 24 VDC Nenn jeweils 1.250 Watt Gesamt. Beispiel Solar: REC Solar PV-Modell: 250PE, jeder Größe: 65,5" x 39" x 1.5" Top-of-Pole-Montage-Zubehör für fünf 250-Watt-Panels (in Serie für 120 VDC verdrahtet). Befestigung auf 2,5" Schedule # 40 Rohr.

Ein (1) Grundfos Tauchpumpe Modell 6-SQR-3 mit 3" Durchmesser bewertet mit 1,6 GPM. Ein (1) Grundfos Controller-Modell: 200 WE (Optional Schwimmerschalter, Kommunikation). Drop-Kabel, Netzkabel, und Grundlage ortsspezifische Materialien.

Tägliche Wasser gepumpt GPM x 60 x Spitzenzeiten für Ihre Website (5,5 Spitzenzeiten für Kansas als Beispiel). Solarbetriebene System Aufzüge und Pumpen schätzungsweise 528 Liter pro Tag.

Beispiel U:

Tiefe von Well 800 Fuß - Wasserliefer 2,5 Gallonen pro Minute

Teileliste:
Vier (4) Solar-PV-Module mit 250 Watt und 24 VDC Nenn jeweils 1.000 Watt Gesamt. Beispiel Solarkollektoren: REC Solar PV-Modell: 250PE, jeder Größe: 65,5" x 39" x 1.5" Top-of-Pole-Montage-Zubehör für vier 250-Watt-Verkleidungen (in Serie für 96 VDC verdrahtet). Befestigung auf 3,5" Schedule # 40 Rohr. Ein (1) Grundfos Tauchpumpe Modell 6-SQR-3 mit 3" Durchmesser bewertet bei 2,5 GPM. Ein (1) Grundfos Controller-Modell: 200 WE (Optional Schwimmerschalter, Kommunikation). Drop-Kabel, Netzkabel, und Grundlage ortsspezifische Materialien.

Tägliche Wasser gepumpt GPM x 60 x Spitzenzeiten für Ihre Website (5,5 Spitzenzeiten für Kansas als Beispiel). Solar-Pumpsystem Aufzüge und Pumpen schätzungsweise 825 Liter pro Tag.

Beispiel V:

Tiefe von Well 800 Fuß - Wasserliefer 3,4 Gallonen pro Minute

Teileliste:
Sechs (6) Solar-PV-Module mit 250 Watt und 24 VDC Nenn jeweils 1.500 Watt Gesamt. Beispiel

Solarkollektoren: REC Solar PV-Modell: 250PE, jeder Größe: 65,5" x 39" x 1.5" Top-of-Pole-Montage-Zubehör für sechs 250-Watt-Panels (in Serie für 144 V-Kabel). Befestigung auf 3,5" Schedule # 40 Rohr. Ein (1) Grundfos Tauchpumpe Modell 6-SQR-3 mit 3" Durchmesser bewertet mit 3,4 GPM. Ein (1) Grundfos Controller-Modell: 200 WE (Optional Schwimmerschalter, Kommunikation). Drop-Kabel, Netzkabel, und Grundlage ortsspezifische Materialien.

Tägliche Wasser gepumpt GPM x 60 x Spitzenzeiten für Ihre Website (5,5 Sonnenschild Stunden für Kansas als Beispiel). Solar System Aufzüge und Pumpen schätzungsweise 1.122 Gallonen pro Tag.

Wenn Sie sich für eine Solar-PV-Wasserpumpen-System suchen mit mehr als diese Kapazität, und suchen ein größeres System besuchen Sie bitte **Solardyne.com** für weitere Informationen zu größeren Systemen.

Kapitel Acht -
Solarwasserpumpen von einem seichten Bach, Bach, See, Teich, Fluss, Kampfpanzer, oder Zisterne

In den Kapiteln oben sahen wir uns an Tauchpumpen für Brunnen-Pumpen. Betrachten wir nun das Pumpen von einer flachen Quelle der natürlichen Wasser wie einem Bach, See, Bach oder Teich, sowie Pumpen von Tanks und Zisternen. Die Wasserqualität ist eher ein Problem mit flachen

Quellen und den Basiskomponenten für Solar-PV-Pumpsystem der Regel mit einer In-Line-Filter, die In-Take-Schlauch (der einzige Teil in der Wasserquelle unter Wasser), die Pumpe selbst, der Controller, um das System und die Solar-PV-Stromversorgung der Zentrale zu verwalten.

Im Gegensatz zu den typischen Stellen für Tauch Wells, die oft in der offenen und bieten große Solar Zugang zu den Solar-PV-Module, sind flache Wasserquellen oft unter dem Deckmantel von Bäumen oder Büschen. Falls Ihre Pumpe ist schattig , kann es notwendig sein, Website Ihre Solar-PV-Paneelen ein Abstand von der Pumpe (die näher an der Pumpe wird der Spannungsabfall besser ist, über lange Strecken von Draht zu vermeiden). Oberflächenpumpen, der Typ für flache Wasserquellen verwendet werden, sind nicht untergetaucht, und müssen ganz in der Nähe der Wasserquelle aufgestellt werden.
Oberflächenpumpen bleiben über der Erde nur mit dem Saugschlauch unter Wasser.
Oberflächenpumpen benötigen ein stabiles Fundament, und in der Regel rechtfertigen einen kleinen Zement-Pad als Grundlage.

Oberflächenwasserpump ist eine häufige Notwendigkeit. Viele Betriebe, Obstgärten, Gewerbe Gärten und kleinere Gärten mit einem "Gravity-Feed System" für die Bewässerung. Remote-Hausbesitzer und Kabinen diesen Ansatz der mit einem Tank oder Zisterne verwenden, die Sie auch mit Wasser zu füllen von einer Quelle. Nach dem Befüllen wird das Landwirt ein Ventil am Boden des Behälters, um Wasser für den Bereich freizugeben. Im Falle von Fernhausbesitzer ist der Tank mindestens 40 Fuß (70 Fuß am besten) über dem Haus positioniert, um ausreichenden Druck sorgen. Die Frage hier ist die Quelle von Wasser, um den Tank zu füllen. Und, die erforderlich sind, um das System zu fahren und liefern Ihre Wasser Solar-PV-Stromversorgung.

Solar-Wasserpumpen wird oft verwendet, um Tanks und Zisternen aus einer Quelle von Wasser, wie einem Bach, Teich, Quelle und andere unter dem Tank und in einiger Entfernung von der Heimat entfernt zu füllen. Die folgenden flachen Oberfläche Pumpsysteme und ihre jeweiligen Solarstromversorgungen sind für diese Situationen konzipiert. Oberflächenwasserpump erfordert in der Regel eine Filterstufe. Wählen Sie Ihre Filter bis zu 10 Micron Durchlässigkeit für längere Lebensdauer der Pumpe. Oft Oberfläche Pumpen benötigen die Pumpe grundiert werden, bevor Pump kann beginnen. Bei Bedarf bieten die meisten Hersteller eine Fuß-Ventil-Pumpe, die Sie zu Wasser von der Quelle in die Pumpe für Start-up bringen kann. Der Foot-Ventil Primzahlen Ihre Pumpe für Start-up.

Solar-Wasserpumpen Langsam und effiziente

Langsam Pumpen nutzen sehr geringen Strom benötigt, um Tausende Liter pro Tag pumpen. Um diese hohe Effizienz zu erreichen die langsamen

Pumpen werden zerkleinert, um sehr hohe Toleranzen und daher nicht dulden Körnung im Wasser. Verwendung In-Line Filter, um Feinstaub und Trübung zu entfernen, um die Pumpe für eine lange Lebensdauer zu schützen. In-Line-Filter durch, wie fein ein partikel sie filtern können gelesen Slow Pumpen verwenden 10-Micron-Filter.

Wasser durch ein Rohr bewegten Begegnungen Beständigkeit. Pumpen von Wasser zu schnell, bei zu hoher Geschwindigkeit für einen bestimmten Rohrdurchmesser erhöht die Widerstandsfähigkeit nicht nur Verlangsamung der Wasserlieferung, sondern bringt zusätzliche Gegendruck auf Ihrer Pumpe. Wasserpumpen mit einer Slow-Pumpe mit 0,5" oder 0,75" -Innenstellen soll die entsprechende Menge Wasser für einen bestimmten Lift, Durchfluss-und Solarstromversorgung zu bewegen.

Solarbetriebene langsame Pumpsysteme sind gut geeignet, um 12 , 24 und 48 VDC Solarstromanlagen. Um jedoch langsam Pumpen direkt von Ihrem Solar-PV-Array zu fahren, müssen Sie die richtigen Regler zu verwenden. Im Start-up-Phase, die meisten 12, müssen 24 und 48 VDC Solarstromanlagen eine lineare Stromverstärker (LCB). Das LCB Kraftverstärker (im Controller enthalten) mit der Spannung und Strom aus Ihrer PV-Panel auf die Spannung und Stromaufnahme aus der Pumpe. Der Booster baut man auch genügend Ladung in Start-Up-Modus helfen, wo Pumpen immer eine scharfe Spitze Strom ziehen.

Die Dankoff DSP-200 LCB Pumpensteuerung ist ideal für 12 und 24 VDC Pumpsysteme uns zu 200 Watt Spitzenleistung. Lineare Stromverstärker (LCB) in großer Effizienz in geringer Sonneneinstrahlung Ebenen.

Die Beispiel solarbetriebene Systeme die geeignete Hardware für den Lift (Liste Aufstieg) und lineare Abstand durch Rohr (Run) und (Gallonen pro Tag) für eine gegebene Situation. Blättern Sie nach unten, bis Sie ein System am ähnlichsten, um Ihr Projekt zu finden.

Durchsuchen Sie unten die Beispielsysteme, bis Sie das eine schließt, um Ihren Wasserbedarf. Diese Beispiele geben Ihnen ein Gefühl für die spezifische Pumpe und die Solarstromversorgung muss eine gegebene Aufzug und Abstand für Ihr Projekt zu pumpen müssen.

Beispiel W:

Aufstieg (Gesamt Aufzug): 20 Meter
Run (Gesamtstrecke durch Pipe): Bis zu 4 Meilen

Flachwasser-Quelle: Teich, Bach, Bach, See, kleine Fluss, Kampfpanzer, oder Zisterne - Wasserförderrate 9,3 Gallonen pro Minute

Teileliste:
Zwei (2) Solar PV-Panel bewertet bei 135 Watt bei jedem 12 VDC, 270 Watt Gesamt. Beispiel Solar-PV-

Panels: Dasol DS-A18-135, jede Größe: 56,7" x 26,2" x 1,38" Top-of-Pole-Montage-Zubehör für zwei 135-Watt-Verkleidungen (in Serie 48 VDC verdrahtet). Befestigung auf 1,5" Schedule # 40 Rohr (Solar-Panel nur). Ein (1) Dankoff Oberflächen Solar-Kraftpumpe Modell: 3040-48PV. Ein (1) Dankoff Easy Install Kit für Solar-Kraftkolbenpumpen. Ein (1) Dankoff 30" In-Line Filter / Fußventil Dankoff Controller-Modell: PPT-48-10 enthält NEMA 3R-Gehäuse, Schwimmerschalter-Optionen können Sie einen leeren Tank Schwimmerschalter und einen vollen Tank Schwimmerschalter haben. Drop-Kabel, Netzkabel, und Grundlage ortsspezifische Materialien. Quart von Food-Grade 30 Gew ungiftig Öl Basic-Reparatursatz für 3040 Modulen.

Tägliche Wasser gepumpt GPM x 60 x Spitzenzeiten für Ihre Website (5,5 Spitzenzeiten für Kansas als Beispiel). System-Aufzüge und Pumpen schätzungsweise 3.069 Gallonen pro Tag.

Beispiel X:

Aufstieg (Gesamt Aufzug): 100 Meter
Run (Gesamtstrecke durch Pipe): Bis zu 4 Meilen

Flachwasser-Quelle: Teich, Bach, Bach, See, kleine Fluss, Kampfpanzer, oder Zisterne - Wasserförderrate 2,3 Gallonen pro Minute

Teileliste:

Ein (1) Solar PV-Panel bewertet bei 135 Watt bei 12 VDC jeder. Beispiel Photovoltaik: Solar-PV-Module Dasol DS-A18-135, jede Größe: 56,7" x 26,2" x 1,38" Top-of-Pole-Montage-Zubehör für ein 135-Watt-Panel (12 V DC). Befestigung auf 1,5" Schedule # 40 Rohr (Solar-Panel nur). Ein (1) Dankoff Oberflächen Pump Pump Langsam Modell: 1303. Ein (1) Dankoff 30" In-Line Filter / Fußventil. Dankoff Dry-Run-Schalter. Ein (1) Dankoff Controller-Modell: DSP-200 enthält NEMA 3R-Gehäuse, schwimmen Option-Schalter. Drop-Kabel, Netzkabel, und Grundlage ortsspezifische Materialien.

Tägliche Wasser gepumpt GPM x 60 x Spitzenzeiten für Ihre Website (5,5 Spitzenzeiten für Kansas als Beispiel). System-Aufzüge und Pumpen schätzungsweise 759 Liter pro Tag.

Beispiel Y:

Aufstieg (Gesamt Aufzug): 100 Meter
Run (Gesamtstrecke durch Pipe): Bis zu 4 Meilen

Flachwasser-Quelle: Teich, Bach, Bach, See, kleine Fluss, Kampfpanzer, oder Zisterne - Wasserförderrate 9,1 Gallonen pro Minute

Teileliste:
Vier (4) Solar PV-Panel bewertet bei 135 Watt bei jedem 12 VDC, 540 Watt Gesamt. Beispiel Platten: Dasol Solar-PV-Module DS-A18-135, jede Größe: 56,7" x 26,2" x 1,38" Top-of-Pole-Montage-Zubehör

für vier 135-Watt-Verkleidungen (in Serie 48 VDC verdrahtet). Befestigung auf 2,5" Schedule # 40 Rohr (Solar-Panel nur). Ein (1) Dankoff Oberflächen Solar-Kraftpumpe Modell: 3040-48PV. Ein (1) Dankoff Easy Install Kit für Solar-Kraftkolbenpumpen. Ein (1) Dankoff 30" In-Line Filter / Fußventil. Ein (1) Dankoff Controller-Modell: PPT-48-10 enthält NEMA 3R-Gehäuse erlauben schweben-Switch-Optionen Sie einen leeren Tank Schwimmerschalter und einen vollen Tank Schwimmerschalter haben. Drop-Kabel, Netzkabel, und Grundlage ortsspezifische Materialien. Quart von Food-Grade 30 Gew ungiftig Öl Basic-Reparatursatz für 3040 Module

Tägliche Wasser gepumpt GPM x 60 x Spitzenzeiten für Ihre Website (5,5 Spitzenzeiten für Kansas als Beispiel). System über Aufzüge und Pumpen schätzungsweise 3.000 Gallonen pro Tag.

Beispiel Z:

Aufstieg (Gesamt Aufzug): 200 Meter,
Run (Gesamtstrecke durch Pipe): Bis zu 4 Meilen

Flachwasser-Quelle: Teich, Bach, Bach, See, kleine Fluss, Kampfpanzer, oder Zisterne - Wasserförderrate 2,1 Gallonen pro Minute

Teileliste:
Zwei (2) Solar PV-Panel bewertet bei 135 Watt bei jedem 12 VDC, 270 Watt Gesamt. Beispiel Platten: Dasol DS-A18-135, jede Größe: 56,7" x 26,2" x 1,38"

Gewicht: £ 24 Top-of-Pole-Montage-Zubehör für zwei 135-Watt-Verkleidungen (in Serie 24 VDC verdrahtet). Befestigung auf 1,5" Schedule # 40 Rohr (Solar-Panel nur). Ein (1) Dankoff Oberflächen Pump Pump Langsam Modell: 1303. Ein (1) Dankoff 30" In-Line Filter / Fuß ValveDankoff Dry-Run-Schalter. Ein (1) Dankoff Controller-Modell: DSP-200 enthält NEMA 3R-Gehäuse, schwimmen Option-Schalter. Drop-Kabel, Netzkabel, und Grundlage ortsspezifische Materialien.

Tägliche Wasser gepumpt GPM x 60 x Spitzenzeiten für Ihre Website (5,5 Spitzenzeiten für Kansas als Beispiel). System über Aufzüge und Pumpen schätzungsweise 693 Liter pro Tag.

Beispiel AA:

Aufstieg (Gesamt Aufzug): 200 Meter
Run (Gesamtstrecke durch Pipe): Bis zu 4 Meilen

Flachwasser-Quelle: Teich, Bach, Bach, See, kleine Fluss, Kampfpanzer, oder Zisterne - Wasserförderrate 4,8 Gallonen pro Minute

Teileliste:
Vier (4) Solar PV-Panel bewertet bei 135 Watt bei jedem 12 VDC, 540 Watt Gesamt. Beispiel PV-Paneele: Dasol Solar-PV-Module DS-A18-135, jede Größe: 56,7" x 26,2" x 1,38" Top-of-Pole-Montage-Zubehör für vier 135-Watt-Verkleidungen (in Serie 48 VDC verdrahtet). Befestigung auf 2,5" Schedule #

40 Rohr (Solar-Panel nur). Ein (1) Dankoff Oberflächen Solar-Kraftpumpe Modell: 3040-48PV. Ein (1) Dankoff Easy Install Kit für Solar-Kraftkolbenpumpen, Model: EZ3000 enthält Messing Verteiler, Kugelhahn, Rückschlagventil, Manometer, Druckschalter, Armaturen und Schläuchen Lätzchen.

Ein (1) Dankoff Controller-Modell: PPT-48-10 enthält NEMA 3R-Gehäuse erlauben schweben-Switch-Optionen Sie einen leeren Tank Schwimmerschalter und einen vollen Tank Schwimmerschalter haben. Ein (1) Schwimmerschalter Kit. Ein (1) leeren Tank Abschaltung, Modell: 11002.

Ein (1) Schwimmerschalter Kit voller Behälter Ausschalten, Modell: 11023. Drop-Kabel, Netzkabel, und Grundlage ortsspezifische Materialien. Quart von Food-Grade 30 Gew. ungiftig Öl (Um den Motor zu schmieren). Ein (1) Grundreparatursatz für 3040 Module, Modell: 3522, enthält eine Verpackung Satz, Neopren Ventilscheiben, Wasser Box Dichtungen, Ventilfedern mit Scheiben / CotterPins und Cub Leathers. Input Port Durchmesser beträgt 1,5 Zoll, mit Output Port Durchmesser von 1 Zoll.

Tägliche Wasser gepumpt GPM x 60 x Spitzenzeiten für Ihre Website (5,5 Spitzenzeiten für Kansas als Beispiel). Solar System Aufzüge und Pumpen schätzungsweise 1.584 Gallonen pro Tag.

Beispeil BB:

Aufstieg (Gesamt Aufzug): 400 Meter
Run (Gesamtstrecke durch Pipe): Bis zu 4 Meilen

Flachwasser-Quelle: Teich, Bach, Bach, See, kleine
Fluss, Kampfpanzer, oder Zisterne -
Wasserförderrate 1,1 Gallonen pro Minute

Teileliste:
Drei (3) Solar PV-Panel bewertet bei 135 Watt bei
jedem 12 VDC, 405 Watt Gesamt. Beispiel Solar-PV-
Module: Dasol DS-A18-135, jede Größe: 56,7" x 26,2"
x 1,38" Top-of-Pole-Montage-Zubehör für die drei
135-Watt-Verkleidungen (in Serie 36 VDC
verdrahtet).

Befestigung auf 1,5" Schedule # 40 Rohr (Solar-Panel
nur). Ein (1) Dankoff Oberflächen Pump Pump
Langsam Modell: 1303. Ein (1) Dankoff 30" In-Line
Filter / Fußventil. Ein (1) Dankoff Dry-Run-Schalter.
Ein (1) Dankoff Controller-Modell: DSP-200 enthält
NEMA 3R-Gehäuse, schwimmen Option-Schalter.
Drop-Kabel, Netzkabel, und Grundlage
ortsspezifische Materialien.

Tägliche Wasser gepumpt GPM x 60 x Spitzenzeiten
für Ihre Website (5,5 Spitzenzeiten für Kansas als
Beispiel). System-Aufzüge und Pumpen
schätzungsweise 363 Liter pro Tag.

Beispiel CC:

Dankoff Solaram Membranpumpen sind für Gewerbe-und Wasserpumpen eingesetzt. Solar-PV-Stromversorgungen bei 24 VDC bieten bemerkenswerte Leistung, um das Heben von Wasser in große Höhen so hoch wie 960 Füße. Die Membranpumpe ist Solaram Dankoff mächtigsten Oberfläche Pumpe. Diese Membranpumpen sind zäh und robust gebaut. Tolerant zu Splitt und Trockenlauf, bieten diese Pumpen einen harten Arbeitspferd für extreme Standorte.

Aufstieg (Gesamt Aufzug): 400 Meter
Run (Gesamtstrecke durch Pipe): Bis zu 4 Meilen

Flachwasser-Quelle: Teich, Bach, Bach, See, kleine Fluss, Kampfpanzer, oder Zisterne - Wasserförderrate 4,4 Gallonen pro Minute

Teileliste:
Sechs (6) Solar PV-Panel bei 135 Watt ausgelegt und jeweils 12 VDC, 810 Watt Gesamt. Beispiel PV-Module: Dasol Solar-PV-Module DS-A18-135, jede Größe: 56,7" x 26,2" x 1,38" Top-of-Pole-Montage-Zubehör für sechs 135-Watt-Panels (parallel / Serie 24 VDC verdrahtet). Befestigung auf 2,5" Schedule # 40 Rohr (Sonnenkollektoren nur). Ein (1) Dankoff Solaram Membranpumpe Modell: 23. Ein (1) Dankoff Solaram 30 Amp-Controller für 24 VDC Solarpumpen.

Ein (1) Dankoff 30" In-Line Filter / Fußventil. Ein (1)
Dankoff schweben-Switch-Optionen können Sie
einen leeren Tank Schwimmerschalter und einen
vollen Tank Schwimmerschalter für die
automatische Ein / Aus zu haben. Ein (1) Dankoff
Float-Switch Kit. Drop-Kabel, Netzkabel, und das
Fundament Materialien ortsspezifische, plus eine
Quart von Food-Grade 30 Gew ungiftig Schmieröl.

Tägliche Wasser gepumpt GPM x 60 x Spitzenzeiten
für Ihre Website (5,5 Spitzenzeiten für Kansas als
Beispiel). System-Aufzüge und Pumpen
schätzungsweise 1.452 Gallonen pro Tag.

Wasserspeicher und Druck

Herkömmliche Wasserpumpsysteme für Fernhäuser
oder Hütten, Pumpe Wasser aus einem Brunnen
oder Flachwasserquelle in eine "Druck" Tank, der das
Wasser für den Einsatz im Haushalt speichert.
Druckbehälter können auf Bodenhöhe in der Nähe
der Startseite oder Kabine montiert werden. Der
Druck, um das Wasser aus dem Tank zu Ihrer
Startseite / Kabine bewegen, wird durch eine
aufblasbare Blase im Inneren des Tanks, der das
Wasser durch Ihr Haus Rohre schiebt produziert.
Dieser aufblasbare Druck wird durch die Vor-Ort-
Solar / Windkraft versorgt und ist neben der
Solarenergie in das Pumpen des Wassers in den
Tank eingesetzt.

Ein anderer Ansatz, nur mit Solarwasserpumpen
beschäftigt Gravity, das Haus Wasserdruck zu

erzeugen. Die Solar-PV-Stromversorgung pumpt Wasser, mit Solar-PV-Panels, von Ihrem Wasserquelle (wie einem Bach in der Nähe) zu einem Tank auf einem höheren Niveau als zu Hause gelegt. Mindestdruck für den Hausgebrauch wird erhalten, wenn der Tank zumindest 40 Meter über dem Haus. Um 30 PSI zu erreichen, als normal Wasserdruck in den Städten sollten Sie Ihren Tank haben mindestens 70 Meter über dem Haus.

Solare Wasser-Pumpsysteme sind hervorragend zum Befüllen Ihrer Speichertank und mit einem "ausgestattet Float-Switch" kann die Pumpe ausgeschaltet, wenn Sie Ihren Tank voll ist. Schwimmerschalter können in Tanks installiert werden, und eine Zisterne bis zu 200 Meter entfernt von Ihrem Pumpensteuerung.

Kapitel Neun: Quick-Guide to Solar Water Pumping Beispiele in Lift, Durchfluss-und Gallonen pro Tag

Oben in jedem Kapitel aufgeführt sind verschiedene Solar PV betriebene Wasserpumpsysteme auf der Basis, ob Sie von einem gut Pumpen sind, oder von einer Quelle Shallow, Gesamt Lift, Solar-Pumpdurchflussraten und tägliche Wasserabgabe in Gallonen pro Tag.

Solar PV Powered Pumpsysteme für Tiefwasserquellen wie Brunnen:

Solare Wasser-Pumpsystem Beispiele in Gut Tiefe, Strömungsgeschwindigkeit in Gallonen pro Minute (GPM) und Gesamt Tages Gallonen in Liter pro Tag (GPD)

A: 20 Fuß Nun, Pump 1,95 GPM und liefert 643 GPD

B: 20 Fuß Nun, Pump 24 GPM und liefert 7,920 GPD

C: 50 Fuß Nun, Pump 27 GPM und liefert 8,910 GPD

D: 60 Fuß Nun, Pump 1,75 GPM und liefert 577 GPD

E: 75 Fuß Nun, Pumpen 8 GPM und liefert 2,640 GPD

F: 100 Fuß Nun, Pump 1.61 GPM und liefert 531 GPD

G: 100 Fuß Nun, Pump 6.4 GPM und liefert 2,112 GPD

H: 100 Fuß Nun, Pump 12 GPM und liefert 3,960 GPD

I: 100 Fuß Nun, Pump 19 GPM und liefert 6,270 GPD

J: 200 Fuß Nun, Pump 1,52 GPM und liefert 500 GPD

K: 200 Fuß Nun, Pump 3,8 GPM und liefert 1,254 GPD

L: 200 Fuß Nun, Pump 7,6 GPM und liefert 2,500 GPD

M: 200 Fuß Nun, Pump 12 GPM und liefert 3,960 GPD

N: 400 Fuß Nun, Pump 1,8 GPM und liefert 594 GPD

O: 400 Fuß Nun, Pump 4,8 GPM und liefert 1,584 GPD

P: 400 Fuß Nun, Pump 5,7 GPM und liefert 1,881 GPD

Q: 650 Fuß Nun, Pump 0,9 GPM und liefert 297 GPD

R: 650 Fuß Nun, Pump 2,5 GPM und liefert 825 GPD

S: 650 Fuß Nun, Pump 4.1 GPM und liefert 1,353 GPD

T: 800 Fuß Nun, Pump 1,6 GPM und liefert 528 GPD

U: 800 Fuß Nun, Pump 2,5 GPM und liefert 825 GPD

V: 800 Fuß Nun, Pump 3.4 GPM und liefert 1,122 GPD

Shallow Quelle Wasserpumpsysteme:

Solarbetriebene Wasserpumpsysteme, um Wasser bis zu 4 Meilen Entfernung mit Systemen bewertet von Vertical pumpen Heben Sie müssen über pumpen, wie Hügel und Hindernisse, um aus Ihrem Wasserquelle (Bach, Bach, Teich oder See), um den Tank zu gehen, oder Zisterne

W: 20 Fuß Vertical Lift, Pump 9.3 GPM und liefert 3,069 GPD

<u>X: 100 Fuß Vertical Lift, Pump 2.3 GPM und liefert 759 GPD</u>

<u>Y: 100 Fuß Vertical Lift, Pump 9.1 GPM und liefert 3,000 GPD</u>

Z: 200 Fuß Vertical Lift, Pump 2.15 GPM und liefert 709 GPD

AA: 200 Fuß Vertical Lift, Pump 4,8 GPM und liefert 1,584 GPD

<u>BB: 400 Fuß Vertical Lift, Pump 1.1 GPM und liefert 363 GPD</u>

<u>CC: 400 Fuß Vertical Lift, Pump 4.4 GPM und liefert 1,452 GPD</u>

Solarbetriebene Wasserpumpsysteme sind bemerkenswert für ihre Wirksamkeit sogar mit einer kleinen Menge von Sonnenlicht. Tippen Sie in der täglichen Energie Fallen auf Ihrer Website Pumpe, um die Pumpe anzutreiben und liefern Hunderte bis Tausende von Gallonen pro Tag.

Seien Sie sicher, dass Sie planen Ihre PV-Wasserpumpen-Projekt in Bezug auf Standort-Vorbereitung, Equipment Design, Ausstattung Acquisition, Ausrüstung Versand, Ausrüstung Installation, Solarstromversorgung einschließlich Montage-Hardware, Controller und allen Kabeln / Leitungen / Erdungskabel.

Verwenden Sie immer **VORSICHT** bei der Installation, und die Arbeit mit elektrischen Geräten. Solar-PV-Module produzieren respekt Spannungen und Ströme und alle Sicherheitsvorkehrungen zu beachten. Achten Sie darauf, Ihre Installationsanleitung aufmerksam lesen und befolgen Sie die Anweisungen auf das Schreiben.

Ordnungsgemäß installiert und gewartet werden, bieten Solar-PV-Wasserpumpsysteme lange Lebensdauer, große Produktivität und einfache Installation und Bedienung. Die Absicht dieses Book ist eine Ressource für Solarwasserpumpen Projekte. Ich hoffe, dass Sie dieses Book genossen haben und als nützlich bei der Planung Ihrer spezifischen Solarwasserpumpen-Projekt. Für weitere Informationen über größere Systeme und andere saubere Energiethemen besuchen Sie bitte **Solardyne.com** im World Wide Web.

Genießen Sie Ihren Solar-Wasserpumpen!